建筑安装工程允许偏差速查手册

朱维益 编

中国建筑工业出版社

图书在版编目(CIP)数据

建筑安装工程允许偏差速查手册/朱维益编.—北京：中国建筑工业出版社,2004
ISBN 978-7-112-06359-8

Ⅰ.建… Ⅱ.朱… Ⅲ.建筑安装工程-偏差(数学)-手册 Ⅳ.TU711-62

中国版本图书馆 CIP 数据核字(2004)第 015312 号

建筑安装工程允许偏差速查手册

朱维益　编

*

中国建筑工业出版社出版、发行 (北京西郊百万庄)
各地新华书店、建筑书店经销
北京同文印刷有限责任公司印刷

*

开本：850×1168 毫米　1/64　印张：3¾　字数：160 千字
2004 年 4 月第一版　2011 年 5 月第八次印刷
印数：22001—23500 册　　定价：**10.00** 元
ISBN 978-7-112-06359-8
(12373)
版权所有　翻印必究
如有印装质量问题，可寄本社退换
(邮政编码　100037)

本书汇集了建筑、安装工程中各分项工程的施工允许偏差、检查数量及检验方法,以便于查找。

本书主要取材于2002年实施的建筑、安装工程质量验收规范。

本书读者对象是广大建筑安装工程施工技术人员及施工管理人员。

＊　＊　＊

责任编辑:周世明
责任设计:孙　梅
责任校对:张　虹

目 录

1 建筑地基基础工程 ·················· 1
 1.1 地 基 ························· 1
  1.1.1 灰土地基 ··················· 1
  1.1.2 砂及砂石地基 ················ 1
  1.1.3 土工合成材料地基 ············· 2
  1.1.4 粉煤灰地基 ·················· 3
  1.1.5 强夯地基 ··················· 3
  1.1.6 注浆地基 ··················· 4
  1.1.7 预压地基 ··················· 4
  1.1.8 振冲地基 ··················· 5
  1.1.9 高压喷射注浆地基 ············· 6
  1.1.10 水泥土搅拌桩地基 ············ 7
  1.1.11 土和灰土挤密桩地基 ·········· 7
  1.1.12 水泥粉煤灰碎石桩地基 ········ 8
  1.1.13 夯实水泥土桩地基 ············ 9
  1.1.14 砂桩地基 ·················· 10
 1.2 桩基础 ······················· 10

1.2.1 桩位偏差 …………………… 10

1.2.2 静力压桩 …………………… 12

1.2.3 先张法预应力管桩 ………… 13

1.2.4 混凝土预制桩 ……………… 14

1.2.5 钢桩 ………………………… 17

1.2.6 混凝土灌注桩 ……………… 18

1.3 土方工程 ……………………… 20

1.3.1 土方开挖 …………………… 20

1.3.2 土方回填 …………………… 21

1.4 基坑工程 ……………………… 22

1.4.1 排桩墙支护工程 …………… 22

1.4.2 水泥土桩墙支护工程 ……… 23

1.4.3 锚杆及土钉墙支护工程 …… 24

1.4.4 钢或混凝土支撑系统 ……… 24

1.4.5 地下连续墙 ………………… 25

1.4.6 沉井与沉箱 ………………… 26

1.4.7 降水与排水 ………………… 28

2 砌体工程 ………………………… 29

2.1 砖砌体工程 …………………… 29

2.1.1 砌筑用砖 …………………… 29

2.1.2 砖砌体 ………………………… 31
2.2 混凝土小型空心砌块砌体工程 … 33
2.2.1 砌筑用小砌块 ……………… 33
2.2.2 小砌块砌体 ………………… 34
2.3 石砌体工程 ……………………… 35
2.3.1 砌筑用石 …………………… 35
2.3.2 石砌体 ……………………… 36
2.4 配筋砌体工程 …………………… 38
2.5 填充墙砌体工程 ………………… 39
2.5.1 砌筑材料 …………………… 40
2.5.2 填充墙砌体 ………………… 41

3 混凝土结构工程 …………………… 43
3.1 模板工程 ………………………… 43
3.1.1 组合钢模板 ………………… 43
3.1.2 模板安装 …………………… 47
3.2 钢筋工程 ………………………… 51
3.2.1 钢筋加工 …………………… 51
3.2.2 钢筋安装 …………………… 52
3.3 预应力工程 ……………………… 53
3.3.1 制作与安装 ………………… 53

3.3.2 张拉和放张 ………………………… 54
3.4 混凝土工程 ……………………………… 55
3.5 现浇结构工程 …………………………… 55
3.6 装配式结构工程 ………………………… 58

4 钢结构工程 ……………………………… 63
4.1 钢零件及钢部件加工工程 ……………… 63
　　4.1.1 切　割 …………………………… 63
　　4.1.2 矫正和成型 ……………………… 64
　　4.1.3 边缘加工 ………………………… 65
　　4.1.4 管、球加工 ……………………… 66
　　4.1.5 制　孔 …………………………… 68
　　4.1.6 焊　接 …………………………… 70
4.2 钢构件组装工程 ………………………… 71
　　4.2.1 焊接 H 型钢 ……………………… 71
　　4.2.2 组　装 …………………………… 73
　　4.2.3 端部铣平及安装焊缝坡口 ……… 75
　　4.2.4 钢构件外形尺寸 ………………… 77
4.3 钢构件预拼装工程 ……………………… 89
4.4 单层钢结构安装工程 …………………… 91
　　4.4.1 基础与支承面 …………………… 91

4.4.2　安装和校正 ································ 93
　4.5　多层及高层钢结构安装工程 ············· 103
　　4.5.1　基础和支承面 ···························· 103
　　4.5.2　安装和校正 ······························· 105
　4.6　钢网架结构安装工程 ························ 111
　　4.6.1　支承面顶板和支承垫块 ············· 111
　　4.6.2　总拼与安装 ······························· 112
　4.7　压型金属板工程 ······························· 114
　　4.7.1　压型金属板制作 ························ 114
　　4.7.2　压型金属板安装 ························ 115

5　木结构工程 ··· 117
　5.1　方木和原木结构 ································ 117
　5.2　胶合木结构 ······································· 120
　5.3　轻型木结构 ······································· 121

6　屋面工程 ··· 126
　6.1　卷材防水屋面 ···································· 126
　　6.1.1　屋面找平层 ······························· 126
　　6.1.2　屋面保温层 ······························· 126
　　6.1.3　卷材防水层 ······························· 127
　6.2　刚性防水屋面 ···································· 127

  6.2.1　细石混凝土防水层 …………… 127
  6.2.2　密封材料嵌缝 …………………… 127
7　建筑地面工程 ……………………………… 128
 7.1　基　层 …………………………………… 128
 7.2　面　层 …………………………………… 130
8　地下防水工程 ……………………………… 135
 8.1　地下建筑防水 …………………………… 135
  8.1.1　防水混凝土 ……………………… 135
  8.1.2　卷材防水层 ……………………… 136
  8.1.3　塑料板防水层 …………………… 136
  8.1.4　细部构造 ………………………… 137
 8.2　特殊施工法防水工程 …………………… 137
  8.2.1　锚喷支护 ………………………… 137
  8.2.2　地下连续墙 ……………………… 138
  8.2.3　盾构法隧道 ……………………… 138
9　建筑装饰装修工程 ………………………… 140
 9.1　抹灰工程 ………………………………… 140
  9.1.1　一般抹灰工程 …………………… 140
  9.1.2　装饰抹灰工程 …………………… 140
 9.2　门窗工程 ………………………………… 142

9.2.1 木门窗制作与安装工程 ……… 142
9.2.2 金属门窗安装工程 …………… 145
9.2.3 塑料门窗安装工程 …………… 147
9.2.4 特种门安装工程 ……………… 148

9.3 吊顶工程 ……………………………… 150
9.3.1 暗龙骨吊顶工程 ……………… 150
9.3.2 明龙骨吊顶工程 ……………… 151

9.4 轻质隔墙工程 ………………………… 152
9.4.1 板材隔墙工程 ………………… 152
9.4.2 骨架隔墙工程 ………………… 153
9.4.3 活动隔墙工程 ………………… 154
9.4.4 玻璃隔墙工程 ………………… 155

9.5 饰面板（砖）工程 …………………… 156
9.5.1 饰面板安装工程 ……………… 156
9.5.2 饰面砖粘贴工程 ……………… 157

9.6 幕墙工程 ……………………………… 158
9.6.1 玻璃幕墙工程 ………………… 158
9.6.2 金属幕墙工程 ………………… 161
9.6.3 石材幕墙工程 ………………… 162

9.7 涂饰工程 ……………………………… 164

9.8 裱糊与软包工程 …………………… 164
9.9 细部工程 …………………………… 165
　9.9.1 橱柜制作与安装工程 ………… 165
　9.9.2 窗帘盒、窗台板和散热器罩制作与安装工程 ……………………… 166
　9.9.3 门窗套制作与安装工程 ……… 166
　9.9.4 护栏和扶手制作与安装工程 … 167
　9.9.5 花饰制作与安装工程 ………… 168
10 脚手架工程 ………………………… 169
10.1 扣件式钢管脚手架 ……………… 169
　10.1.1 构配件 ……………………… 169
　10.1.2 脚手架搭设 ………………… 171
10.2 门式钢管脚手架 ………………… 175
11 建筑给水排水及采暖工程 ………… 177
11.1 室内给水系统安装 ……………… 177
　11.1.1 给水管道及配件安装 ……… 177
　11.1.2 室内消火栓系统安装 ……… 178
　11.1.3 给水设备安装 ……………… 178
11.2 室内排水系统安装 ……………… 179
　11.2.1 排水管道及配件安装 ……… 179

11.2.2 雨水管道及配件安装 …………… 179
11.3 室内热水供应系统安装 ………… 181
11.3.1 管道及配件安装 ………………… 181
11.3.2 辅助设备安装 …………………… 182
11.4 卫生器具安装 ……………………… 182
11.4.1 卫生器具安装 …………………… 183
11.4.2 卫生器具给水配件安装 ………… 183
11.4.3 卫生器具排水管道安装 ………… 183
11.5 室内采暖系统安装 ………………… 184
11.5.1 管道及配件安装 ………………… 185
11.5.2 辅助设备及散热器安装 ………… 186
11.6 室外给水管网安装 ………………… 187
11.6.1 给水管道安装 …………………… 187
11.6.2 消防水泵接合器及室外消火栓 安装 …………………………… 188
11.7 室外排水管网安装 ………………… 188
11.7.1 排水管道安装 …………………… 188
11.7.2 排水管沟及井池 ………………… 189
11.8 室外供热管网安装 ………………… 189
11.9 供热锅炉及辅助设备安装 ………… 191

11.9.1 锅炉安装 ………………………… 191
11.9.2 辅助设备及管道安装 ………… 195
11.9.3 换热站安装 …………………… 197

12 通风与空调工程 ……………………… 198
12.1 风管制作 ……………………………… 198
12.1.1 金属风管 ……………………… 198
12.1.2 硬聚氯乙烯管 ………………… 198
12.1.3 玻璃钢风管 …………………… 199
12.1.4 双面铝箔绝热板风管 ………… 199
12.2 风管部件与消声器制作 ……………… 200
12.3 风管系统安装 ………………………… 201
12.3.1 风管安装 ……………………… 201
12.3.2 风口安装 ……………………… 202
12.4 通风与空调设备安装 ………………… 202
12.4.1 通风机安装 …………………… 202
12.4.2 除尘设备安装 ………………… 202
12.4.3 洁净室安装 …………………… 204
12.4.4 空气风幕机安装 ……………… 205
12.5 空调制冷系统安装 …………………… 205
12.6 空调水系统管道与设备安装 ………… 206

12.6.1 管道安装 ·············· 206
   12.6.2 水泵及附属设备安装 ······ 208
   12.6.3 水箱、集水器、分水器、
          储冷罐等安装 ·········· 208
  12.7 防腐与绝热 ················ 209
  12.8 系统调试 ·················· 209
13 建筑电气工程 ·················· 211
  13.1 架空线路及杆上电气设备安装 ····· 211
  13.2 成套配电柜、控制柜（屏、台）和
       动力、照明配电箱（盘）安装 ···· 211
  13.3 不间断电源安装 ·············· 213
  13.4 电缆桥架安装和桥架内电缆敷设 ··· 213
  13.5 电缆沟内和电缆竖井内电缆敷设 ··· 214
14 电梯工程 ······················ 216
  14.1 电力驱动的曳引式或强制式电
       梯安装工程 ·················· 216
    14.1.1 土建交接检验 ············ 216
    14.1.2 导轨 ···················· 217
    14.1.3 门系统 ·················· 217
    14.1.4 安全部件 ················ 217

14.1.5 悬挂装置、随行电缆、补偿装置 …… 218
14.2 液压电梯安装工程 …… 218
14.3 自动扶梯、自动人行道安装工程 …… 218
　　14.3.1 土建交接检验 …… 218
　　14.3.2 整机安装验收 …… 219
参考资料 …… 220

1 建筑地基基础工程

1.1 地　　基

1.1.1 灰土地基

灰土地基的允许偏差和检验方法应符合表 1-1 的规定。

检查数量：随意抽查。

灰土地基允许偏差和检验方法　　表 1-1

项次	项　　目	允许偏差	检验方法
1	石灰粒径	≤5mm	筛分法
2	土料有机质含量	≤5%	试验室焙烧法
3	土颗粒粒径	≤15mm	筛分法
4	含水量（与要求的最优含水量比较）	±2%	烘干法
5	分层厚度（与设计要求比较）	±50mm	水准仪

1.1.2 砂及砂石地基

砂及砂石地基允许偏差和检验方法应符合表 1-2 的规定。

检查数量：随意抽查。

砂及砂石地基允许偏差和检验方法　　表 1-2

项次	项　　目	允许偏差	检验方法
1	砂石料有机质含量	≤5%	焙烧法
2	砂石料含泥量	≤5%	水洗法
3	石料粒径	≤100mm	筛分法
4	含水量（与最优含水量比较）	±2%	烘干法
5	分层厚度（与设计要求比较）	±50mm	水准仪

1.1.3　土工合成材料地基

土工合成材料地基允许偏差和检验方法应符合表 1-3 的规定。

检查数量：随意抽查。

土工合成材料地基允许偏差和检验方法　　表 1-3

项次	项　　目	允许偏差	检　验　方　法
1	土工合成材料强度	≤5%	置于夹具上做拉伸试验（结果与设计标准相比）
2	土工合成材料延伸率	≤3%	置于夹具上做拉伸试验（结果与设计标准相比）
3	土工合成材料搭接长度	≥300mm	用钢尺量

续表

项次	项目	允许偏差	检验方法
4	土石料有机质含量	≤5%	焙烧法
5	层面平整度	≤20mm	用2m靠尺
6	每层铺设厚度	±25mm	水准仪

1.1.4 粉煤灰地基

粉煤灰地基允许偏差和检验方法应符合表1-4的规定。

检查数量：随意抽查。

粉煤灰地基允许偏差和检验方法　　表1-4

项次	项目	允许偏差	检验方法
1	粉煤灰粒径	0.001~2.0mm	过筛
2	氧化铝及二氧化硅含量	≥70%	试验室化学分析
3	烧失量	≤12%	试验室烧结法
4	每层铺筑厚度	±50mm	水准仪
5	含水量（与最优含水量比较）	±2%	取样后试验室确定

1.1.5 强夯地基

强夯地基的允许偏差和检验方法应符合表1-5的规定。

检查数量:随意抽查。

强夯地基允许偏差和检验方法　　表1-5

项次	项　目	允许偏差	检验方法
1	夯锤落距	±300mm	钢索设标志
2	锤重	±100kg	称重
3	夯点间距	±500mm	用钢尺量

1.1.6 注浆地基

注浆地基的允许偏差和检验方法应符合表1-6的规定。

检查数量:随意抽查。

注浆地基允许偏差和检验方法　　表1-6

项次	项　目	允许偏差	检验方法
1	各种注浆材料称量误差	<3%	抽查
2	注浆孔位	±20mm	用钢尺量
3	注浆孔深	±100mm	量测注浆管长度
4	注浆压力(与设计参数比)	±10%	检查压力表读数

1.1.7 预压地基

预压地基的允许偏差和检验方法应符合表1-7的规定。

检查数量:随意抽查。

预压地基允许偏差和检验方法 表 1-7

项次	项目	允许偏差	检验方法
1	预压载荷	≤2%	水准仪
2	固结度（与设计要求比）	≤2%	根据设计要求采用不同方法
3	沉降速率（与控制值比）	±10%	水准仪
4	砂井或塑料排水带位置	±100mm	用钢尺量
5	砂井或塑料排水带插入深度	±200mm	插入时用经纬仪检查
6	插入塑料排水带时的回带长度	≤500mm	用钢尺量
7	塑料排水带或砂井高出砂垫层距离	≥200mm	用钢尺量
8	插入塑料排水带的回带根数	<5%	目测

注：如真空预压，预压载荷的检查为真空度降低值<2%。

1.1.8 振冲地基

振冲地基的允许偏差和检验方法应符合表 1-8 的规定。

检查数量：至少应抽查 20%。

振冲地基允许偏差和检验方法 表 1-8

项次	项目	允许偏差	检验方法
1	填料含泥量	<5%	抽样检查
2	振冲器喷水中心与孔径中心偏差	≤50mm	用钢尺量

续表

项次	项目	允许偏差	检验方法
3	成孔中心与设计孔位中心偏差	≤100mm	用钢尺量
4	桩体直径	<50mm	用钢尺量
5	孔深	±200mm	量钻杆或重锤测

1.1.9 高压喷射注浆地基

高压喷射注浆地基的允许偏差和检验方法应符合表1-9的规定。

检查数量：至少抽查20%。

高压喷射注浆地基允许偏差和检验方法 表1-9

项次	项目	允许偏差	检验方法
1	钻孔位置	≤50mm	用钢尺量
2	钻孔垂直度	≤1.5%	经纬仪测钻杆或实测
3	孔深	±200mm	用钢尺量
4	注浆压力	按设定参数指标	查看压力表
5	桩体搭接	>200mm	用钢尺量
6	桩体直径	≤50mm	开挖后用钢尺量
7	桩身中心允许偏差	≤0.2D	开挖后桩顶下500mm处用钢尺量

注：D为桩直径（mm）。

1.1.10 水泥土搅拌桩地基

水泥土搅拌桩地基允许偏差和检验方法应符合表1-10的规定。

检查数量：至少应抽查20%。

水泥土搅拌桩地基允许偏差和
检验方法　　　　　表1-10

项次	项目	允许偏差	检验方法
1	机头提升速度	≤0.5m/min	量机头上升距离及时间
2	桩底标高	±200mm	测机头深度
3	桩顶标高	+100mm -50mm	水准仪（最上部500mm不计入）
4	桩位偏差	<50mm	用钢尺量
5	桩径	<0.04D	用钢尺量
6	垂直度	≤1.5%	经纬仪
7	搭接	>200mm	用钢尺量

注：D 为桩直径（mm）。

1.1.11 土和灰土挤密桩地基

土和灰土挤密桩地基允许偏差和检验方法应符合表1-11的规定。

检查数量：至少应抽查20%。

土和灰土挤密桩地基允许偏差和检验方法　　　表 1-11

项次	项　　目		允许偏差	检验方法
1	桩长		+500mm	测桩管长或垂球测孔深
2	桩径		-20mm	用钢尺量
3	土料有机质含量		≤5%	试验室焙烧法
4	石灰粒径		≤5mm	筛分法
5	桩位偏差	满堂布桩	≤0.40D	用钢尺量
		条基布桩	≤0.25D	
6	垂直度		≤1.5%	用经纬仪测桩管

注：D 为桩径，桩径允许偏差值是指个别断面。

1.1.12　水泥粉煤灰碎石桩地基

水泥粉煤灰碎石桩地基的允许偏差和检验方法应符合表 1-12 的规定。

检查数量：至少应抽查 20%。

水泥粉煤灰碎石地基允许偏差和检验方法　　　表 1-12

项次	项　　目		允许偏差	检验方法
1	桩　径		-20mm	用钢尺量或计算填料量
2	桩位偏差	满堂布桩	≤0.40D	用钢尺量
		条基布桩	≤0.25D	

续表

项次	项目	允许偏差	检验方法
3	桩垂直度	≤1.5%	用经纬仪测桩管
4	桩长	+100mm	测桩管长或垂球测孔深
5	褥垫层夯填度	≤0.9	用钢尺量

注：D 为桩直径（mm）。桩径允许偏差是指个别断面。

1.1.13 夯实水泥土桩地基

夯实水泥土桩地基的允许偏差和检验方法应符合表1-13的规定。

检查数量：至少应抽查20%。

夯实水泥土桩地基允许偏差和检验方法   表1-13

项次	项目		允许偏差	检验方法
1	桩径		−20mm	用钢尺量
2	桩长		+500mm	测桩孔深度
3	土料有机质含量		≤5%	焙烧法
4	含水量（与最优含水量比）		±2%	烘干法
5	土料粒径		≤20mm	筛分法
6	桩位偏差	满堂布桩	≤0.40D	用钢尺量（D 为桩径）
		条基布桩	≤0.25D	
7	桩孔垂直度		≤1.5%	用经纬仪测桩管
8	褥垫层夯填度		≤0.9	用钢尺量

1.1.14 砂桩地基

砂桩地基的允许偏差和检验方法应符合表 1-14 的规定。

检查数量：随意抽查。

砂桩地基允许偏差和检验方法　　表 1-14

项次	项目	允许偏差	检验方法
1	灌砂量	≥95%	实际用砂量与计算体积比
2	砂料含泥量	≤3%	试验室测定
3	砂料有机质含量	≤5%	焙烧法
4	桩位	≤50mm	用钢尺量
5	砂桩标高	±150mm	水准仪
6	垂直度	≤1.5%	经纬仪检查桩管垂直度

1.2 桩基础

1.2.1 桩位偏差

桩位的放样允许偏差：群桩：20mm；单排桩 10mm。

打（压）入桩（预制混凝土方桩、先张法预应力管桩、钢桩）的桩位偏差，必须符合表 1-15 的规定。斜桩倾斜度的偏差不得大于倾斜角正切值的 15%（倾斜角系桩的纵向中心线与铅垂线间夹角）。

预制桩（钢桩）桩位的允许偏差   表 1-15

项次	项目	允许偏差 (mm)
1	盖有基础梁的桩： (1) 垂直基础梁的中心线 (2) 沿基础梁的中心线	$100+0.01H$ $150+0.01H$
2	桩数为 1~3 根桩基中的桩	100
3	桩数为 4~16 根桩基中的桩	1/2 桩径或边长
4	桩数大于 16 根桩基中的桩： (1) 最外边的桩 (2) 中间桩	1/3 桩径或边长 1/2 桩径或边长

注：H 为施工现场地面标高与桩顶设计标高的距离。

灌注桩的桩位偏差必须符合表 1-16 的现定。桩顶标高至少要比设计标高高出 0.5m。每浇筑 50m³ 必须有 1 组试件，小于 50m³ 的桩，每根桩必须有 1 组试件。

灌注桩的平面位置和垂直度的允许偏差   表 1-16

项次	成孔方法		桩径允许偏差(mm)	垂直度允许偏差(%)	桩位允许偏差(mm)	
					1～3根、单排桩垂直于中心线方向和群桩基础的边桩	条形桩基沿中心线方向和群桩基础的中间桩
1	泥浆护壁钻孔桩	$D \leqslant 1000$mm	±50	<1	$D/6$，且不大于100	$D/4$，且不大于150
		$D > 1000$mm	±50		$100+0.01H$	$150+0.01H$
2	套管成孔灌注桩	$D \leqslant 500$mm	−20	<1	70	150
		$D > 500$mm			100	150
3	干成孔灌注桩		−20	<1	70	150
4	人工挖孔桩	混凝土护壁	+50	<0.5	50	150
		钢套管护壁	+50	<1	100	200

注：1. 桩径允许偏差的负值是指个别断面；
2. 采用复打、反插法施工的桩，其桩径允许偏差不受上表限制；
3. H 为施工现场地面标高与桩顶设计标高的距离，D 为设计桩径。

1.2.2 静力压桩

静力压桩的允许偏差和检验方法应符合表 1-17 的规定。

静力压桩允许偏差和检验方法　　表 1-17

项次	项	目		允许偏差	检验方法
1	桩位偏差			见表 1-15	用钢尺量
2	成品桩质量	外　观		掉角深度<10mm；蜂窝面积小于总面积 0.5%	直　观
		外形尺寸		见表 1-20	见表 1-20
3	接桩	电焊接桩	焊缝质量	见表 1-22	见表 1-22
			电焊结束后停歇时间	>1.0min	秒表测定
		硫磺胶泥接桩	胶泥浇筑时间浇筑后停歇时间	<2min	秒表测定
				>7min	秒表测定
4	压桩压力（设计有要求时）			±5%	查压力表读数
5	接桩时上下节平面偏差			<10mm	用钢尺量
6	接桩时节点弯曲矢高			<1/1000l	用钢尺量
7	桩顶标高			±50mm	水准仪

注：l 为两节桩长。

检查数量：桩位偏差全数检查，其他项目可按 20% 抽查。

1.2.3 先张法预应力管桩

先张法预应力管桩的允许偏差和检验方法应符

合表 1-18 的规定。

先张法预应力管桩允许偏差和
检验方法　　　　表 1-18

项次	项目		允许偏差	检验方法
1	桩位偏差		见表 1-15	用钢尺量
2	成品桩质量	外观	无蜂窝、露筋、裂缝、桩顶无孔隙	直观
		桩径 管壁厚度 桩尖中心线	±5mm ±5mm <2mm	用钢尺量 用钢尺量 用钢尺量
		顶面平整度 桩体弯曲	10mm <1/1000l	用水平尺量 用钢尺量，l 为桩长
3	接桩	焊缝质量 电焊结束后停歇时间 上下节平面偏差 节点弯曲矢高	见表 1-22 >1.0min <10mm <1/1000l	见表 1-22 秒表测定 用钢尺量 用钢尺量，l 为两节桩长
4	桩顶标高		±50mm	水准仪

检查数量：桩位偏差全数检查，其他项目可按 20% 抽查。

1.2.4　混凝土预制桩

预制桩钢筋骨架的允许偏差和检验方法应符合表 1-19 的规定。

预制桩钢筋骨架允许偏差和检验方法　　表1-19

项次	项目	允许偏差	检验方法
1	主筋距桩顶距离	±5mm	用钢尺量
2	多节桩锚固钢筋位置	5mm	用钢尺量
3	多节桩预埋铁件	±3mm	用钢尺量
4	主筋保护层厚度	±5mm	用钢尺量
5	主筋间距	±5mm	用钢尺量
6	桩尖中心线	10mm	用钢尺量
7	箍筋间距	±20mm	用钢尺量
8	桩顶钢筋网片	±10mm	用钢尺量
9	多节桩锚固钢筋长度	±10mm	用钢尺量

混凝土预制桩的允许偏差和检验方法应符合表1-20的规定。

混凝土预制桩允许偏差和检验方法　　表1-20

项次	项目	允许偏差	检验方法
1	桩位偏差	见表1-15	用钢尺量
2	成品桩外形	掉角深度<10mm 蜂窝面积小于总面积0.5%	直观

续表

项次	项 目		允许偏差	检验方法
3	成品桩裂缝(收缩裂缝或起吊、装运、堆放引起的裂缝)		深度<20mm,宽度<0.25mm,横向裂缝不超过边长之半	裂缝测定仪(该项目在地下水有侵蚀地区及锤数超过500击的长桩不适用
4	成品桩尺寸	横截面边长	±5mm	用钢尺量
		桩顶对角线差	<10mm	用钢尺量
		桩尖中心线	<10mm	用钢尺量
		桩身弯曲矢高	<1/1000l	用钢尺量,l为桩长
		桩顶平整度	<2mm	用水平尺量
5	电焊接桩	焊缝质量	见表1-22	见表1-22
		电焊结束后停歇时间	>1.0min	秒表测定
		上下节平面偏差	<10mm	用钢尺量
		节点弯曲矢高	<1/1000l	用钢尺量,l为两节桩长
6	硫磺胶泥接桩	胶泥浇筑时间	<2min	秒表测定
		浇筑后停歇时间	>7min	秒表测定
7	桩顶标高		±50mm	水准仪

检查数量:桩位偏差全数检查,其他项目可按20%抽查。

1.2.5 钢桩

成品钢桩的允许偏差和检验方法应符合表 1-21 的规定。

成品钢桩允许偏差和检验方法 表 1-21

项次	项 目		允许偏差	检验方法
1	钢桩外径或断面	桩端 桩身	±0.5%D ±1D	用钢尺量，D 为外径或边长
2	矢 高		<1/1000l	用钢尺量，l 为桩长
3	长 度		+10mm	用钢尺量
4	端部平整度		≤2mm	用水平尺量
5	H 钢桩的方正度	$h>300mm$ $h<300mm$	$T+T'≤8mm$ $T+T'≤6mm$	用钢尺量 用钢尺量
6	端部平面与桩中心线 的倾斜值		≤2mm	用水平尺量

钢桩施工的允许偏差和检验方法应符合表 1-22 的规定。

钢桩施工允许偏差和检验方法 表 1-22

项次	项目		允许偏差	检验方法
1	桩位偏差		见表 1-15	见表 1-15
2	电焊接桩焊缝	上下节端部错口 外径≥700mm	≤3mm	用钢尺量
		上下节端部错口 外径<700mm	≤2mm	用钢尺量
		焊缝咬边深度	≤0.5mm	焊缝检查仪
		焊缝加强层高度	2mm	焊缝检查仪
		焊缝加强层宽度	2mm	焊缝检查仪
		焊缝电焊质量外观	无气孔、焊瘤、裂缝	直观
3	电焊结束后停歇时间		>1.0min	秒表测定
4	节点弯曲矢高		<1/1000l	用钢尺量,l 为两节桩长
5	桩顶标高		±50mm	水准仪

检查数量:桩位偏差全数检查,其他项目可按20%抽查。

1.2.6 混凝土灌注桩

混凝土灌注桩钢筋笼的允许偏差和检验方法应符合表 1-23 的规定。

混凝土灌注桩钢筋笼允许偏差和检验方法 表 1-23

项次	项目	允许偏差	检验方法
1	主筋间距	±10mm	用钢尺量
2	长度	±100mm	用钢尺量

续表

项次	项目	允许偏差	检验方法
3	箍筋间距	±20mm	用钢尺量
4	直径	±10mm	用钢尺量

混凝土灌注桩的允许偏差和检验方法应符合表1-24的规定。

混凝土灌注桩允许偏差和检验方法 表1-24

项次	项目		允许偏差	检验方法
1	桩位		见表1-16	基坑开挖前量护筒，开挖后量桩中心
2	孔深		+300mm	只深不浅，用重锤测，或测钻杆、套管长度
3	垂直度		见表1-16	测套管或钻杆，或用超声波探测
4	桩径		见表1-16	井径仪或超声波检测于施工时用钢尺量
5	泥浆比重		1.5~1.20	用比重计测
6	泥浆面标高（高于地下水位）		0.5~1.0m	目测
7	沉渣厚度	端承桩	≤50mm	用沉渣仪或重锤测量
		摩擦桩	≤150mm	
8	混凝土坍落度	水下灌注	160~220mm	坍落度仪
		干施工	70~100mm	
9	钢筋笼安装深度		±100mm	用钢尺量

续表

项次	项目	允许偏差	检验方法
10	混凝土充盈系数	>1	检查每根桩的实际灌注量
11	桩顶标高	+30mm -50mm	水准仪,需扣除桩顶浮浆层及劣质桩体

注:人工挖孔桩、嵌岩桩按本表执行。

检查数量:全数检查。

1.3 土方工程

1.3.1 土方开挖

土方开挖工程的允许偏差和检验方法应符合表1-25的规定。

土方开挖工程允许偏差和检验方法 表1-25

项次	项目	允许偏差 (mm)					检验方法
		柱基坑基槽	挖方场地平整		管沟	地(路)面基层	
			人工	机械			
1	标高	-50	±30	±50	-50	-50	水准仪
2	长度、宽度(由设计中心线向两边量)	+200 -50	+300 -100	+500 -150	+100	—	经纬仪,用钢尺量

续表

项次	项目	允许偏差（mm）					检验方法
		柱基基坑基槽	场地平整		管沟	地(路)面基层	
			人工	机械			
3	表面平整度	20	20	50	20	20	用2m靠尺和楔形塞尺检查

注：地（路）面基层的偏差只适用于直接在挖、填方上做地（路）面的基层。

检查数量：经常检查。

1.3.2 土方回填

土方回填工程的允许偏差和检验方法应符合表1-26的规定。

土方回填工程允许偏差和检验方法　　表1-26

项次	项目	允许偏差 mm					检验方法
		柱基基坑基槽	场地平整		管沟	地(路)面基层	
			人工	机械			
1	标高	−50	±30	±50	−50	−50	水准仪
2	表面平整度	20	20	30	20	20	用靠尺或水准仪

检查数量：经常检查。

1.4 基坑工程

1.4.1 排桩墙支护工程

排桩墙支护结构包括灌注桩、预制桩、板桩等构成的支护结构。

重复使用的钢板桩的允许偏差和检验方法应符合表1-27的规定。

检查数量：可按20%抽查。

重复使用的钢板桩允许偏差和检验方法 表1-27

项次	项目	允许偏差	检验方法
1	桩垂直度	<1%	用钢尺量
2	桩身弯曲度	<2%l	用钢尺量，l为桩长
3	齿槽平直度及光滑度	无电焊渣或毛刺	用1m长的桩段做通过试验
4	桩长度	不小于设计长度	用钢尺量

混凝土板桩制作允许偏差和检验方法应符合表1-28的规定。

检查数量：桩长度、桩身弯曲度全数检查，其他项目可按 20% 抽查。

混凝土板桩制作允许偏差和
检验方法　　　表 1-28

项次	项　目	允许偏差	检验方法
1	桩长度	+10mm, 0	用钢尺量
2	桩身弯曲度	<0.1%l	用钢尺量,l 为桩长
3	保护层厚度	±5mm	用钢尺量
4	横截面相对两面之差	5mm	用钢尺量
5	桩尖对桩轴线的位移	10mm	用钢尺量
6	桩厚度	+10mm, 0	用钢尺量
7	凸凹槽尺寸	±3mm	用钢尺量

1.4.2 水泥土桩墙支护工程

水泥土桩墙支护结构是指水泥土搅拌桩（包括加筋水泥土搅拌桩）、高压喷射注浆桩所构成的围护结构。

加筋水泥土桩的允许偏差和检验方法应符合表 1-29 的规定。

检查数量：可按 20% 抽查。

加筋水泥土桩允许偏差和检验方法　　　表1-29

项次	项　目	允许偏差	检验方法
1	型钢长度	±10mm	用钢尺量
2	型钢垂直度	<1%	经纬仪
3	型钢插入标高	±30mm	水准仪
4	型钢插入平面位置	10mm	用钢尺量

1.4.3　锚杆及土钉墙支护工程

锚杆及土钉墙支护工程的允许偏差和检验方法应符合表1-30的规定。

检查数量：可按20%抽查。

锚杆及土钉墙支护工程允许偏差及检验方法　　　表1-30

项次	项　目	允许偏差	检验方法
1	锚杆土钉长度	±30mm	用钢尺量
2	锚钉或土钉位置	±100mm	用钢尺量
3	钻孔倾斜度	±1°	测钻机倾角
4	注浆量	大于计算浆量	检查计量数据
5	土钉墙面厚度	±10mm	用钢尺量

1.4.4　钢或混凝土支撑系统

钢或混凝土支撑系统工程的允许偏差和检验方

法应符合表 1-31 的规定。

钢或混凝土支撑系统工程允许偏差和检验方法　　表 1-31

项次	项目		允许偏差	检验方法
1	支撑位置	标　高 平　面	30mm 100mm	水准仪 用钢尺量
2	施加顶力		±50kN	油泵读数或传感器
3	围图标高		30mm	水准仪
4	立柱位置	标　高 平　面	30mm 50mm	水准仪 用钢尺量
5	开挖超深（开槽放支撑除外）		<200mm	水准仪

检查数量：支撑位置、预加顶力全数检查，其他项目可按 20% 抽查。

1.4.5　地下连续墙

地下连续墙的允许偏差和检验方法应符合表 1-32 的规定。

地下连续墙的钢筋笼的允许偏差和检验方法应符合表 1-23 的规定。

检查数量：墙体垂直度全数检查，其他项目可按 20% 抽查。

地下连续墙允许偏差和检验方法 表1-32

项次	项目		允许偏差	检验方法
1	垂直度	永久结构 临时结构	1/300 1/150	测声波测槽仪或成槽机上的监测系统
2	导墙尺寸	宽度 墙面平整度 导墙平面位置	W+40mm <5mm ±10mm	用钢尺量 用钢尺量 用钢尺量
3	沉渣厚度	永久结构 临时结构	≤100mm ≤200mm	重锤测或沉积物测定仪测
4	槽深		+100mm	重锤测
5	混凝土坍落度		180～220mm	坍落度测定器
6	钢筋笼尺寸		见表1-23	见表1-23
7	地下墙表面平整度	永久结构 临时结构 插入式结构	<100mm <150mm <20mm	
8	永久结构时的预埋件位置	水平向 垂直向	≤10mm ≤20mm	用钢尺量 水准仪

注：W 为地下墙设计厚度（mm）。

1.4.6 沉井与沉箱

沉井与沉箱的允许偏差和检验方法应符合表1-33的规定。

检查数量：全数检查。

沉井（箱）允许偏差和检验方法　表1-33

项次	项目		允许偏差	检验方法
1	封底前，沉井（箱）的下沉稳定		<10mm/8h	水准仪
2	封底结束后的位置	刃脚平均标高（与设计标高比）	<100mm	水准仪
		刃脚平面中心线位移	<1%H	经纬仪，$H<10m$ 时，控制在100mm之内
		四角中任何两角的底面标高	<1%l	水准仪，$l<10m$ 时，控制在100mm之内
3	结构体外观		无裂缝、蜂窝、空洞、不露筋	直观
4	平面尺寸	长与宽	±0.5%	用钢尺量，最大控制在100mm之内
		曲线部位半径	±0.5%	用钢尺量，最大控制在50mm之内
		两对角线差预埋件	1% 20mm	用钢尺量 用钢尺量
5	下沉过程中的偏差	高差	1.5%～2%	水准仪，最大不超过1m
		平面轴线	<1.5H	经纬仪，最大应控制在300mm之内
6	封底混凝土坍落度		180～220mm	坍落度测定器

注：H 为下沉深度；l 为两角的距离。

1.4.7 降水与排水

降水与排水施工的允许偏差和检验方法应符合表 1-34 的规定。

降水与排水施工允许偏差和检验方法 表 1-34

项次	项目		允许偏差	检验方法
1	排水沟坡度		1~2‰	目测，坑内不积水，沟内排水畅通
2	井管（点）垂直度		1%	插管时目测
3	井管（点）间距（与设计相比）		≤150mm	用钢尺量
4	井管（点）插入深度（与设计相比）		≤200mm	水准仪
5	过滤砂砾料填灌（与计算值相比）		≤5%	检查回填料用量
6	井点真空度	轻型井点	>60kPa	真空度表
		喷射井点	>93kPa	真空度表
7	电渗井点阴阳极距离	轻型井点	80~100mm	用钢尺量
		喷射井点	120~150mm	用钢尺量

检查数量：全数检查。

2 砌体工程

2.1 砖砌体工程

砖砌体工程是指烧结普通砖、烧结多孔砖、蒸压灰砂空心砖、粉煤灰砖等砌体工程。

2.1.1 砌筑用砖

烧结普通砖的尺寸允许偏差应符合表 2-1 的规定。

烧结普通砖尺寸允许偏差 表 2-1

公称尺寸 (mm)	优 等 品		一 等 品		合 格 品	
	样本平均偏差 (mm)	样本极差 (mm)	样本平均偏差 (mm)	样本极差 (mm)	样本平均偏差 (mm)	样本极差 (mm)
240	±2.0	≤8	±2.5	≤8	±3.0	≤8
115	±1.5	≤6	±2.0	≤6	±2.5	≤7
53	±1.5	≤4	±1.5	≤5	±2.0	≤6

烧结多孔砖的尺寸允许偏差应符合表 2-2 的规定。

烧结多孔砖尺寸允许偏差　　　表 2-2

公称尺寸 (mm)	优等品		一等品		合格品	
	样本平均偏差 (mm)	样本极差 (mm)	样本平均偏差 (mm)	样本极差 (mm)	样本平均偏差 (mm)	样本极差 (mm)
290、240	±2.0	5	±2.5	7	±3.0	8
190、180、175、140、115	±1.5	4	±2.0	6	±2.5	7
90	±1.5	3	±1.5	5	±2.0	6

煤渣砖尺寸允许偏差应符合表 2-3 的规定。

煤渣砖尺寸允许偏差　　　表 2-3

公称尺寸 (mm)	尺寸允许偏差 (mm)		
	优等品	一等品	合格品
240	±2	±3	±4
115	±2	±3	±4
53	±1	±2	±4

粉煤灰砖的尺寸允许偏差应符合表 2-4 的规定。

粉煤灰砖尺寸允许偏差　　　表 2-4

公称尺寸 (mm)	尺寸允许偏差 (mm)		
	优等品	一等品	合格品
240	±2	±3	±4

续表

公称尺寸 (mm)	尺寸允许偏差 (mm)		
	优 等 品	一 等 品	合 格 品
115	±2	±3	±4
53	±1	±2	±3

蒸压灰砂空心砖的尺寸允许偏差应符合表 2-5 的规定。

蒸压灰砂空心砖尺寸允许偏差　　表 2-5

公称尺寸 (mm)	尺寸允许偏差 (mm)		
	优 等 品	一 等 品	合 格 品
长度 240	±2	±2	±3
宽度 115	±1	±2	±3
高度 53、90、115、175	±1	±2	±3

2.1.2 砖砌体

砖砌体的位置及垂直度允许偏差和检验方法应符合表 2-6 的规定。

检查数量：轴线查全部承重墙柱；外墙垂直度全高查阳角，不应少于 4 处，每层每 20m 查一处；内墙按有代表性的自然间抽 10%，但不应少于 3 间，每间不应少于 2 处，柱不少于 5 根。

砖砌体的位置及垂直度允许偏差和检验方法　　表2-6

项次	项　目		允许偏差（mm）	检　验　方　法
1	轴线位置偏移		10	用经纬仪和尺检查或用其他测量仪器检查
2	垂直度	每层	5	用2m托线板检查
		≤10m	10	用经纬仪、吊线和尺检查，或用其他测量仪器检查
		>10m	20	

砖砌体的一般尺寸允许偏差和检验方法应符合表2-7的规定。

砖砌体一般尺寸允许偏差和检验方法　　表2-7

项次	项　目		允许偏差(mm)	检验方法	抽检数量
1	基础顶面和楼面标高		±15	用水平仪和尺检查	不应少于5处
2	表面平整度	清水墙、柱	5	用2mm靠尺和楔形塞尺检查	有代表性自然间10%，但不应少于3间，每间不应少于2处
		混水墙、柱	8		
3	门窗洞口高、宽（后塞口）		±5	用尺检查	检验批洞口的10%，且不应少于5处
4	外墙上下窗口偏移		20	以底层窗口为准，用经纬仪或吊线检查	检验批的10%，且不应少于5处

续表

项次	项目		允许偏差(mm)	检验方法	抽检数量
5	水平灰缝平直度	清水墙	7	拉10m线和尺检查	有代表性自然间10%,但不应少于3间,每间不应少于2处
		混水墙	10		
6	清水墙游丁走缝		20	吊线和尺检查,以每层第一皮砖为准	有代表性自然间10%,但不应少于3间,每间不应少于2处

2.2 混凝土小型空心砌块砌体工程

混凝土小型空心砌块砌体工程是指普通混凝土小型空心砌块和轻骨料混凝土小型空心砌块砌体工程(以下简称混凝土小砌块砌体)。

2.2.1 砌筑用小砌块

普通混凝土小砌块的尺寸允许偏差应符合表2-8的规定。

普通混凝土小砌块尺寸允许偏差　表 2-8

公称尺寸 (mm)	尺寸允许偏差 (mm)		
	优 等 品	一 等 品	合 格 品
390（长）	±2	±3	±3
190（宽）	±2	±3	±3
190（高）	±2	±3	+3, −4

2.2.2 小砌块砌体

小砌块砌体的轴线偏移和垂直度偏差和检验方法同表 2-6 的规定。

检查数量：轴线查全部承重墙柱；外墙垂直度全高查阳角，不应少于 4 处，每层每 20m 查一处；内墙按有代表性的自然间抽 10%，但不应少于 3 间，每间不应少于 2 处，柱不少于 5 根。

小砌块砌体的一般尺寸允许偏差和检验方法应符合表 2-9 的规定。

小砌块砌体一般尺寸允许偏差和检验方法　表 2-9

项次	项　　目	允许偏差 (mm)	检验方法	抽检数量
1	基础顶面和楼面标高	±15	用水平仪和尺检查	不应少于 5 处

续表

项次	项目		允许偏差（mm）	检验方法	抽检数量
2	表面平整度	清水墙、柱	5	用 2m 靠尺和楔形塞尺检查	有代表性自然间 10%，但不应少于 3 间，每间不应少于 2 处
		混水墙、柱	8		
3	门窗洞口高、宽（后塞口）		±5	用尺检查	检验批洞口的 10%，且不应少于 5 处
4	外墙上下窗口偏移		20	以底层窗口为准，用经纬仪或吊线检查	检验批的 10%，且不应少于 5 处
5	水平灰缝平直度	清水墙	7	拉 10m 线和尺检查	有代表性自然间 10%，但不应少于 3 间，每间不应少于 2 处
		混水墙	10		

2.3 石砌体工程

2.3.1 砌筑用石

料石加工的允许偏差应符合表 2-10 的规定。

料石加工的允许偏差 表2-10

料石种类	允许偏差(mm)	
	宽度、厚度	长 度
细料石、半细料石	±3	±5
粗料石	±5	±7
毛料石	±10	±15

2.3.2 石砌体

石砌体的轴线位置及垂直度允许偏差和检验方法应符合表2-11的规定。

检查数量：外墙，按楼层（或4m高以内）每20m抽查1处，每处3延长米，但不应少于3处；内墙，按有代表性的自然间抽查10%，但不应少于3间，每间不应少于2处，柱子不应少于5根。

石砌体的轴线位置及垂直度允许偏差和检验方法 表2-11

项次	项目	允许偏差(mm)							检验方法
		毛石砌体		料 石 砌 体					
				毛料石		粗料石		细料石	
		基础	墙	基础	墙	基础	墙	墙、柱	
1	轴线位置	20	15	20	15	15	15	10	用经纬仪和尺检查，或用其他测量仪器检查

续表

项次	项目		允许偏差 (mm)						检验方法
			毛石砌体		料石砌体				
					毛料石		粗料石		细料石
			基础	墙	基础	墙	基础	墙	墙、柱
2	墙面垂直度	每层	—	20	—	20	—	10	7	用经纬仪、吊线和尺检查或用其他测量仪器检查
		全高	—	30	—	30	—	25	20	

石砌体的一般尺寸允许偏差和检验方法应符合表 2-12 的规定。

检查数量：外墙，按楼层（4m 高以内）每 20m 抽查 1 处，每处 3 延长米，但不应少于 3 处，内墙，按有代表性的自然间抽查 10%，但不应少于 3 间，每间不应少于 2 处，柱子不应少于 5 根。

石砌体的一般尺寸允许偏差和检验方法

表 2-12

项次	项目	允许偏差 (mm)							检验方法
		毛石砌体		料石砌体					
		基础	墙	基础	墙	基础	墙	墙、柱	
1	基础和墙砌体顶面标高	±25	±15	±25	±15	±15	±15	±10	用水准仪和尺检查

续表

项次	项目		允许偏差 (mm)						检验方法
			毛石砌体		料石砌体				
			基础	墙	基础	墙	基础	墙、柱	
2	砌体厚度		+30	+20 -10	+30	+20 -10	+15	+10 -5	+10 -5	用尺检查
3	表面平整度	清水墙、柱	—	20	—	20	—	10	5	细料石用2m靠尺和楔形塞尺检查,其他用两直尺垂直于灰缝拉2m线和尺检查
		混水墙、柱	—	20	—	20	—	15	—	
4	清水墙水平灰缝平直度		—	—	—	—	—	10	5	拉10m线和尺检查

2.4 配筋砌体工程

配筋砌体工程是指网状配筋砖砌体、组合砖砌体、配筋砌块砌体等工程。

砌筑用砖、砌块的允许偏差同前。

砖砌体、小砌块砌体的位置及垂直度允许偏差和检验方法见表 2-6。

砖砌体、小砌块砌体的一般尺寸允许偏差和检验方法见表 2-7 及表 2-9。

构造柱尺寸允许偏差和检验方法应符合表 2-13 的规定。

检查数量：每检验批抽查 10%，且不应少于 5 处。

构造柱尺寸允许偏差和检验方法　表 2-13

项次	项	目	允许偏差（mm）	检 验 方 法
1	柱中心线位置		10	用经纬仪和尺检查或用其他测量仪器检查
2	柱层间错位		8	
3	柱垂直度	每 层		10	用 2m 托线板检查
		全高	≤10m	15	用经纬仪、吊线和尺检查，或用其他测量仪器检查
			>10m	20	

2.5　填充墙砌体工程

填充墙砌体工程是指空心转、蒸压加气混凝土砌块、轻骨料混凝土小型空心砌块等砌筑的非承重（作填充）砌体工程。

2.5.1 砌筑材料

烧结空心砖的尺寸允许偏差应符合表 2-14 的规定。

烧结空心砖尺寸允许偏差 表 2-14

公称尺寸 (mm)	尺寸允许偏差 (mm)		
	优 等 品	一 等 品	合 格 品
>200	±4	±5	±7
200～100	±3	±4	±5
<100	±3	±4	±4

轻骨料混凝土小型空心砌块尺寸允许偏差应符合表 2-15 的规定。

轻骨料混凝土小砌块尺寸允许偏差 表 2-15

公称尺寸 (mm)	尺寸允许偏差 (mm)		
	优 等 品	一 等 品	合 格 品
390（长）	±2	±3	±3
190（宽）	±2	±3	±3
190（高）	±2	±3	+3，-4

蒸压加气混凝土砌块的尺寸允许偏差应符合表 2-16 的规定。

蒸压加气混凝土砌块尺寸允许偏差　表 2-16

公称尺寸	尺寸允许偏差（mm）		
	优等品	一等品	合格品
长度	±3	±4	±5
宽度	±2	±3	+3，-4
高度	±2	±3	+3，-4

2.5.2　填充墙砌体

填充墙砌体一般尺寸的允许偏差和检验方法应符合表 2-17 的规定。

检查数量：对表中 1、2 项，在检验批的标准间中随机抽查 10%，但不应少于 3 间；大面积房间和楼道按两个轴线或每 10 延长米按一标准间计数。每间检验不应少于 3 处。对表中 3、4 项，在检验批中抽检 10%，且不应少于 5 处。

填充墙砌体一般尺寸允许偏差和检验方法　表 2-17

项次	项目		允许偏差（mm）	检验方法
1		轴线位移	10	用尺检查
	垂直度	小于或等于 3m	5	用 2m 托线板或吊线、尺检查
		大于 3m	10	

续表

项次	项 目	允许偏差(mm)	检验方法
2	表面平整度	8	用2m靠尺和楔形塞尺检查
3	门窗洞口高、宽（后塞口）	±5	用尺检查
4	外墙上、下窗口偏移	20	用经纬仪或吊线检查

3 混凝土结构工程

3.1 模板工程

3.1.1 组合钢模板

组合钢模板制作质量标准应符合表 3-1 的规定。

钢模板制作质量标准 表 3-1

项目		要求尺寸（mm）	允许偏差（mm）
外形尺寸	长 度	l	0 −1.00
	宽 度	b	0 −0.80
	肋 高	55	±0.50
U形卡孔	沿板长度的孔中心距	$n \times 150$	±0.60
	沿板宽度的孔中心距	—	±0.60
	孔中心与板面间距	22	±0.30
	沿板长度孔中心与板端间距	75	±0.30
	沿板宽度孔中心与边肋凸棱面的间距	—	±0.30
	孔直径	$\phi 13.8$	±0.25

续表

项 目		要求尺寸（mm）	允许偏差（mm）
凸棱尺寸	高度	0.3	+0.30 -0.05
	宽度	4.0	+2.00 -1.00
	边肋圆角	90°	ϕ0.5 钢针通不过
面板端与两凸棱面的垂直度		90°	d≤0.50
板面平面度		—	f_1≤1.00
凸棱直线度		—	f_2≤0.50
横肋	横肋、中纵肋与边肋高度差	—	Δ≤1.20
	两端横肋组装位移	0.3	Δ≤0.60
焊缝	肋间焊缝长度	30.0	±5.00
	肋间焊脚高	2.5 (2.0)	+1.00
	肋与面板焊缝长度	10.0 (15.0)	+5.00
	肋与面板焊脚高度	2.5 (2.0)	+1.00
凸鼓的高度		1.0	+0.30 -0.20
防锈漆外观		油漆涂刷均匀不得漏涂、皱皮、脱皮、流淌	
角模的垂直度		90°	Δ≤1.00

注：采用二氧化碳气体保护焊的焊脚高度与焊缝长度为括号内数据。

钢模板产品组装质量标准应符合表 3-2 的规定。

3.1 模板工程

钢模板产品组装质量标准（mm） 表 3-2

项　　目	允　许　偏　差
两块模板之间的拼接缝隙	≤1.0
相邻模板面的高低差	≤2.0
组装模板板面平面度	≤2.0
组装模板板面的长宽尺寸	±2.0
组装模板两对角线长度差值	≤3.0

注：组装模板面积为 2100mm×2000mm。

配件制作主项质量标准应符合表 3-3 的规定。

配件制作主项质量标准（mm） 表 3-3

	项　　　　目	要求尺寸	允许偏差
U形卡	卡口宽度	6.0	±0.5
	脖　高	44	±1.0
	弹性孔直径	$\phi 20$	+2.0 0
	试验50次后的卡口残余变形	—	≤1.2
扣件	高　　度	—	±2.0
	螺栓孔直径	—	±1.0
	长　　度	—	±1.5
	宽　　度	—	±1.0
	卡口长度	—	+2.0 0
支柱	钢管的直线度	—	≤$L/1000$
	支柱最大长度时上端最大振幅	—	≤60.0
	顶板与底板的孔中心与管轴位移	—	1.0

续表

项　目		要求尺寸	允许偏差
支柱	销孔对管径的对称度	—	1.0
	插管插入套管的最小长度	≥280	—
桁架	上平面直线度	—	≤2.0
	焊缝长度	—	±5.0
	销孔直径	—	+1.0 0
	两排孔之间平行度	—	±0.5
	长方向相邻两孔中心距	—	±0.5
梁卡具	销孔直径	—	+1.0 0
	销孔中心距	—	±1.0
	立管垂直度	—	≤1.5
门式支架	门架高度	—	±1.5
	门架宽度	—	±1.5
	立杆端面与立杆轴线垂直度	—	0.3
	锁销与立杆轴线位置度	—	±1.5
	锁销间距离	—	±1.5
碗扣式支架	立杆长度	—	±1.0
	相邻下碗扣间距	600	±0.5
	立杆直线度	—	≤1/1000
	下碗扣与定位销下端间距	115	±0.5
	销孔直径	ϕ12	+1.0 0
	销孔中心与管端间距	30	±0.5

注：1. U形卡试件试验后，不得有裂纹、脱皮等疵病；
　　2. 扣件、支柱、桁架和支架等项目都应做荷载试验。

组合钢模板施工组装质量标准应符合表3-4的规定。

钢模板及配件修复后的主要质量标准应符合表3-5的规定。

钢模板施工组装质量标准　　表 3-4

项　目	允许偏差（mm）
两块模板之间拼接缝隙	≤2.0
相邻模板面的高低差	≤2.0
组装模板板面平面度	≤2.0（用2m长平尺检查）
组装模板板面的长宽尺寸	≤长度和宽度的1/1000，最大±4.0
组装模板两对角线长度差值	≤对角线长度的1/1000，最大≤7.0

钢模板及配件修复后的主要质量标准　　表 3-5

	项　目	允许偏差（mm）
钢模板	板面平面度	≤2.0
	凸棱直线度	≤1.0
	边肋不直度	不得超过凸棱高度
配件	U形卡卡口残余变形	≤1.2
	钢楞及支柱直线度	≤l/1000

注：l 为钢楞及支柱的长度。

3.1.2 模板安装

固定在模板上的预埋件和预留孔洞的允许偏差和检验方法应符合表3-6的规定。

检查数量：在同一检验批内，对梁、柱和独立基础，应抽查构件数量的10%，且不少于3件；对墙和板，应按有代表性的自然间抽查10%，且不少于3间；对大空间结构，墙可按相邻轴线间高度5m左右划分检查面，板可按纵横轴线划分检查面，抽查10%，且均不少于3面。

预埋件和预留孔洞的允许偏差和检验方法 表3-6

项次	项 目		允许偏差（mm）	检验方法
1	预埋钢板中心线位置		3	钢尺检查
2	预埋管、预留孔中心线位置		3	
3	插筋	中心线位置	5	
		外露长度	+10, 0	
4	预埋螺栓	中心线位置	2	
		外露长度	+10, 0	
5	预留洞	中心线位置	10	
		尺寸	+10, 0	

注：检查中心线位置时，应沿纵、横两个方向量测，并取其中的较大值。

现浇结构模板安装的允许偏差和检验方法应符合表3-7的规定。

检查数量:在同一检验批内,对梁、柱和独立基础,应抽查构件数量的10%,且不少于3件;对墙和板,应按有代表性的自然间抽查10%,且不少于3间;对大空间结构,墙可按相邻轴线间高度5m左右划分检查面,板可按纵、横轴线划分检查面,抽查10%,且均不少于3面。

现浇结构模板安装的允许偏差和检验方法 表3-7

项次	项 目		允许偏差(mm)	检验方法
1	轴线位置		5	钢尺检查
2	底模上表面标高		±5	水准仪或拉线、钢尺检查
3	截面内部尺寸	基础	±10	钢尺检查
		柱、墙、梁	+4,-5	钢尺检查
4	层高垂直度	不大于5m	6	经纬仪或吊线、钢尺检查
		大于5m	8	经纬仪或吊线、钢尺检查
5	相邻两板表面高低差		2	钢尺检查
6	表面平整度		5	2m靠尺和塞尺检查

注:检查轴线位置时,应沿纵、横两个方向量测,并取其中的较大值。

预制构件模板安装的允许偏差和检验方法应符合表 3-8 的规定。

检查数量:首次使用及大修后的模板应全数检查;使用中的模板应定期检查,并根据使用情况不定期抽查。

预制构件模板安装的允许偏差和检验方法　　表 3-8

项次	项	目	允许偏差(mm)	检验方法
1	长度	板、梁	±5	钢尺量两角边,取其中较大值
		薄腹梁、桁架	±10	
		柱	0,-10	
		墙板	0,-5	
2	宽度	板、墙板	0,-5	钢尺量一端及中部,取其中较大值
		梁、薄腹梁、桁架、柱	+2,-5	
3	高(厚)度	板	+2,-3	钢尺量一端及中部,取其中较大值
		墙板	0,-5	
		梁、薄腹梁、桁架、柱	+2,-5	
4	侧向弯曲	梁、板、柱	$l/1000$ 且≤15	拉线、钢尺量最大弯曲处
		墙板、薄腹梁、桁架	$l/1500$ 且≤15	
5	板的表面平整度		3	2m 靠尺和塞尺检查
6	相邻两板表面高低差		1	钢尺检查

续表

项次	项	目	允许偏差(mm)	检验方法
7	对角线差	板	7	钢尺量两个对角线
		墙板	5	
8	翘曲	板、墙板	$l/1500$	调平尺在两端量测
9	设计起拱	薄腹梁、桁架、梁	±3	拉线、钢尺量跨中

注：l 为构件长度（mm）。

3.2 钢筋工程

3.2.1 钢筋加工

钢筋加工的允许偏差和检验方法应符合表 3-9 的规定。

检查数量：按每工作班同一类型钢筋，同一加工设备抽查不应少于 3 件。

钢筋加工的允许偏差和检验方法　　表 3-9

项次	项　　目	允许偏差（mm）	检验方法
1	受力钢筋顺长度方向全长的净尺寸	±10	
2	弯起钢筋的弯折位置	±20	钢尺检查
3	箍筋内净尺寸	±5	

3.2.2 钢筋安装

钢筋安装位置的允许偏差和检验方法应符合表 3-10 的规定。

检查数量：在同一检验批内，对梁、柱和独立基础，应抽查构件数量的 10%，且不少于 3 件；对墙和板，应按有代表性的自然间抽查 10%，且不少于 3 间；对大空间结构，墙可按相邻轴线间高度 5m 左右划分检查面，板可按纵、横轴线划分检查面，抽查 10%，且均不少于 3 面。

钢筋安装位置的允许偏差和检验方法　表 3-10

项次	项	目		允许偏差 (mm)	检验方法
1	绑扎钢筋网	长、宽		±10	钢尺检查
		网眼尺寸		±20	钢尺量连续三档，取最大值
2	绑扎钢筋骨架	长		±10	钢尺检查
		宽、高		±5	钢尺检查
3	受力钢筋	间距		±10	钢尺量两端、中间各一点，取最大值
		排距		±5	
		保护层厚度	基础	±10	钢尺检查
			柱、梁	±5	钢尺检查
			板、墙、壳	±3	钢尺检查

续表

项次	项目		允许偏差(mm)	检验方法
4	绑扎箍筋、横向钢筋间距		±20	钢尺量连续三档,取最大值
5	钢筋弯起点位置		20	钢尺检查
6	预埋件	中心线位置	5	钢尺检查
		水平高差	+3,0	钢尺和塞尺检查

注:1. 检查预埋件中心线位置时,应沿纵、横两个方向量测,并取其中的较大值;
2. 表中梁类、板类构件上部纵向受力钢筋保护层厚度的合格点率应达到90%及以上,且不得有超过表中数值1.5倍的尺寸偏差。

3.3 预应力工程

3.3.1 制作与安装

预应力筋束形控制点的竖向位置允许偏差和检验方法应符合表3-11的规定。

检查数量:同一检验批内,抽查各类型构件中预应力筋总数的5%,且对各类型构件均不少于5束,每束不应少于5处。

束形控制点的竖向位置允许偏差　表 3-11

截面高（厚）度（mm）	$h \leqslant 300$	$300 \leqslant h \leqslant 1500$	$h > 1500$
允许偏差（mm）	±5	±10	±15
检验方法	钢 尺 检 查		

注：束形控制点的竖向位置偏差合格率应达到 90% 及以上，且不得有超出表中数值 1.5 倍的尺寸偏差。

3.3.2 张拉和放张

预应力筋张拉锚固后实际建立的预应力值与工程设计规定检验值的相对允许偏差为 ±5%。

检查数量：对先张法施工，每工作班抽查预应力筋总数的 1%，且不少于 3 根；对后张法施工，在同一检验批内，抽查预应力筋总数的 3%，且不少于 5 束。

检验方法：对先张法施工，检查预应力筋应力检测记录；对后张法施工，检查见证张拉记录。

先张法预应力筋张拉后与设计位置的允许偏差不得大于 5mm，且不得大于构件截面短边边长的 4%。

检查数量：每工作班抽查预应力筋总数的 3%，且不少于 3 束。

检验方法：钢尺检查。

3.4 混凝土工程

混凝土原材料每盘称量的允许偏差应符合表3-12的规定。

原材料每盘称量的允许偏差　　　表 3-12

材 料 名 称	允 许 偏 差
水泥、掺合料	±2%
粗、细骨料	±3%
水、外加剂	±2%

检查数量：每工作班抽查不应少于一次。

检验方法：复称。

3.5 现浇结构工程

现浇结构尺寸允许偏差和检验方法应符合表3-13的规定。

检查数量：按楼层、结构缝或施工段划分检验批。在同一检验批内，对梁、柱和独立基础应抽查构件数量的10%，且不少于3件；对墙和板应按有代表性的自然间抽查10%,且不少于3间;对大空间结构,墙可按相邻轴线间高度5m左右划分检查面,板可按纵、横轴线划分检查面,抽查10%,且均不少于3面;对电梯井及设备基础应全数检查。

现浇结构尺寸允许偏差和检验方法　　表3-13

项次	项目		允许偏差(mm)	检验方法
1	轴线位置	基础	15	钢尺检查
		独立基础	10	
		墙、柱、梁	8	
		剪力墙	5	
2	垂直度	层高 ≤5m	8	经纬仪或吊线、钢尺检查
		层高 >5m	10	经纬仪或吊线、钢尺检查
		全高(H)	$H/1000$ 且 ≤30	经纬仪、钢尺检查
3	标高	层高	±10	水准仪或拉线、钢尺检查
		全高	±30	
4	截面尺寸		+8,-5	钢尺检查
5	电梯井	井筒长、宽对定位中心线	+25,0	钢尺检查
		井筒全高(H)垂直度	$H/1000$ 且 ≤30	经纬仪、钢尺检查

续表

项次	项　　目		允许偏差(mm)	检验方法
6	表面平整度		8	2m靠尺和塞尺检查
7	预埋设施中心线位置	预埋件	10	钢尺检查
		预埋螺栓	5	
		预埋管	5	
8	预留洞中心线位置		15	钢尺检查

注：检查轴线、中心线位置时，应沿纵、横两个方向量测，并取其中的较大值。

混凝土设备基础尺寸允许偏差和检验方法应符合表3-14的规定。

检查数量：全数检查。

混凝土设备基础尺寸允许偏差和检验方法　　表3-14

项次	项　　目	允许偏差(mm)	检验方法
1	坐标位置	20	钢尺检查
2	不同平面的标高	0，-20	水准仪或拉线、钢尺检查
3	平面外形尺寸	±20	钢尺检查
4	凸台上平面外形尺寸	0，-20	钢尺检查
5	凹穴尺寸	+20，0	钢尺检查

续表

项次	项 目		允许偏差（mm）	检验方法
6	平面水平度	每米	5	水平尺、塞尺检查
		全长	10	水准仪或拉线、钢尺检查
7	垂直度	每米	5	经纬仪或吊线、钢尺检查
		全高	10	
8	预埋地脚螺栓	标高（顶部）	+20, 0	水准仪或拉线、钢尺检查
		中心距	±2	钢尺检查
9	预埋地脚螺栓孔	中心线位置	10	钢尺检查
		深 度	+20, 0	钢尺检查
		孔垂直度	10	吊线、钢尺检查
10	预埋活动地脚螺栓锚板	标 高	+20, 0	水准仪或拉线、钢尺检查
		中心线位置	5	钢尺检查
		带槽锚板平整度	5	钢尺、塞尺检查
		带螺纹孔锚板平整度	2	钢尺、塞尺检查

注：检查坐标、中心线位置时，应沿纵、横两个方向量测，并取其中的较大值。

3.6 装配式结构工程

预制构件尺寸的允许偏差和检验方法应符合表

3-15 的规定。

检查数量：同一工作班生产的同类型构件抽查 5%，且不少于 3 件。

预制构件安装的允许偏差和检验方法应符合表 3-16 的规定。

检查数量：各种不同类型构件各抽查 10%，但均不应少于 3 件。

预制构件尺寸的允许偏差和检验方法　表 3-15

项次	项目		允许偏差 (mm)	检验方法
1	长度	板、梁	+10，−5	钢尺检查
		柱	+5，−10	
		墙板	±5	
		薄腹梁、桁架	+15，−10	
2	宽度、高(厚)度	板、梁、柱、墙板、薄腹梁、桁架	±5	钢尺量一端及中部，取其中较大值
3	侧向弯曲	梁、柱、板	$l/750$ 且 $\leqslant 20$	拉线、钢尺量最大侧向弯曲处
		墙板、薄腹梁、桁架	$l/1000$ 且 $\leqslant 20$	
4	预埋件	中心线位置	10	钢尺检查
		螺栓位置	5	
		螺栓外露长度	+10，−5	

续表

项次	项目		允许偏差（mm）	检验方法
5	预留孔	中心线位置	5	钢尺检查
6	预留洞	中心线位置	15	钢尺检查
7	主筋保护层厚度	板	+5，-3	钢尺或保护层厚度测定仪量测
7	主筋保护层厚度	梁、柱、墙板、薄腹梁、桁架	+10，-5	钢尺或保护层厚度测定仪量测
8	对角线差	板、墙板	10	钢尺量两个对角线
9	表面平整度	板、墙板、柱、梁	5	2m靠尺和塞尺检查
10	预应力构件预留孔道位置	梁、墙板、薄腹梁、桁架	3	钢尺检查
11	翘曲	板	$l/750$	调平尺在两端量测
11	翘曲	墙板	$l/1000$	调平尺在两端量测

注：1. l 为构件长度（mm）；
  2. 检查中心线、螺栓和孔道位置时，应沿纵、横两个方向量测，并取其中的较大值；
  3. 对形状复杂或有特殊要求的构件，其尺寸偏差应符合标准图或设计的要求。

预制构件安装的允许偏差和检验方法　　表 3-16

项次	项目		允许偏差 (mm)	检验方法
1	杯形基础	中心线对轴线位置偏移	10	尺量检查
		杯底安装标高	+0 -10	用水准仪检查
2	柱	中心线对定位轴线位置偏移	5	尺量检查
		下上柱接口中心线位置偏移	3	
		垂直度　≤5m	5	用经纬仪或吊线和尺量检查
		垂直度　>5m	10	
		垂直度　≥10m 多节柱	1/1000柱高,且不大于20	
		牛腿上表面和柱顶标高　≤5m	+0 -5	用水准仪或尺量检查
		牛腿上表面和柱顶标高　>5m	+0 -8	
3	梁或吊车梁	中心线对定位轴线位置偏移	5	尺量检查
		梁上表面标高	+0 -5	用水准仪或尺量检查
4	屋架	下弦中心线对定位轴线位置偏移	5	尺量检查
		垂直度　桁架拱形屋架	1/250屋架高	用经纬仪或吊线和尺量检查
		垂直度　薄腹梁	5	
5	天窗架	构件中心线对定位轴线位置偏移	5	尺量检查
		垂直度	1/300天窗架高	用经纬仪或吊线和尺量检查

续表

项次	项目		允许偏差(mm)	检验方法
6	托架梁	底座中心线对定位轴线位置偏移	5	尺量检查
		垂直度	10	用经纬仪或吊线和尺量检查
7	板 相邻板下表面平整度	抹灰	5	用直尺和楔形塞尺检查
		不抹灰	3	
8	楼梯阳台	水平位置偏移	10	尺量检查
		标高	±5	用水准仪和尺量检查
9	工业厂房墙板	标高	±5	
		墙板两端高低差	±5	

注：本表摘自《建筑工程质量检验评定标准》(GBJ301—88)。

4 钢结构工程

4.1 钢零件及钢部件加工工程

4.1.1 切割

气割的允许偏差和检验方法应符合表 4-1 的规定。

检查数量:按切割面数抽查 10%,且不应少于 3 个。

气割允许偏差和检验方法　　表 4-1

项次	项目	允许偏差（mm）	检验方法
1	零件宽度、长度	±3.0	观察检查或用钢尺、塞尺检查
2	切割面平面度	0.05t,且不应大于 2.0	
3	割纹深度	0.3	
4	局部缺口深度	1.0	

注:t 为切割面厚度。

机械剪切的允许偏差和检验方法应符合表 4-2 的规定。

检查数量：按切割面数抽查10%，且不应少于3个。

机械剪切的允许偏差和检验方法　　表 4-2

项次	项目	允许偏差（mm）	检验方法
1	零件宽度、长度	±3.0	观察检查或用钢尺、塞尺检查
2	边缘缺棱	1.0	
3	型钢端部垂直度	2.0	

4.1.2 矫正和成型

钢材矫正后的允许偏差和检验方法应符合表 4-3 的规定。

检查数量：按矫正件数抽查10%，且不应少于3件。

钢材矫正后的允许偏差和检验方法（mm）　　表 4-3

项次	项目		允许偏差	图例	检验方法
1	钢板的局部平面度	$t \leqslant 14$	1.5	1000	观察检查和实测检查
		$t > 14$	1.0		
2	型钢弯曲矢高		$l/1000$ 且不应大于5.0		

项次	项目	允许偏差	图例	检验方法
3	角钢肢的垂直度	$b/100$ 双肢栓接角钢的角度不得大于90°		观察检查和实测检查
4	槽钢翼缘对腹板的垂直度	$b/80$		
5	工字钢、H型钢翼缘对腹板的垂直度	$b/100$ 且不大于2.0		

4.1.3 边缘加工

边缘加工的允许偏差和检验方法应符合表4-4的规定。

检查数量：按加工面数抽查10%，且不应少于3件。

边缘加工允许偏差和检验方法　　表 4-4

项次	项目	允许偏差 (mm)	检验方法
1	零件宽度、长度	±1.0	观察检查和实测检查
2	加工边直线度	$l/3000$,且不应大于 2.0	
3	相邻两边夹角	±6′	
4	加工面垂直度	$0.025t$,且不应大于 0.5	
5	加工面表面粗糙度	50	

4.1.4　管、球加工

螺栓球加工的允许偏差和检验方法应符合表 4-5 的规定。

检查数量：每种规格抽查 10%，且不应少于 5 个。

螺栓球加工的允许偏差和检验方法 (mm)　　表 4-5

项次	项目		允许偏差	检验方法
1	圆度	$d\leqslant120$	1.5	用卡尺和游标卡尺检查
		$d>120$	2.5	
2	同一轴线上两铣平面平行度	$d\leqslant120$	0.2	用百分表 V 形块检查
		$d>120$	0.3	
3	铣平面距球中心距离		±0.2	用游标卡尺检查
4	相邻两螺栓孔中心线夹角		±30′	用分度头检查

续表

项次	项目		允许偏差	检验方法
5	两铣平面与螺栓孔轴线垂直度		$0.005r$	用百分表检查
6	球毛坯直径	$d \leqslant 120$	$+2.0$ -1.0	用卡尺和游标卡尺检查
		$d > 120$	$+3.0$ -1.5	

焊接球加工的允许偏差和检验方法应符合表 4-6 的规定。

检查数量：每种规格抽查 10%，且不应少于 5 个。

焊接球加工的允许偏差和检验方法　表 4-6

项次	项目	允许偏差（mm）	检验方法
1	直径	$\pm 0.005d$ ± 2.5	用卡尺和游标卡尺检查
2	圆度	2.5	用卡尺和游标卡尺检查
3	壁厚减薄量	$0.13t$，且不应大于 1.5	用卡尺和测厚仪检查
4	两半球对口错边	1.0	用套模和游标卡尺检查

钢网架（桁架）用钢管杆件加工的允许偏差和检验方法应符合表 4-7 的规定。

检查数量：每种规格抽查10%，且不应少于5根。

钢网架（桁架）用钢管杆件加工的允许偏差和检验方法 表4-7

项次	项 目	允许偏差 (mm)	检验方法
1	长 度	±1.0	用钢尺和百分表检查
2	端面对管轴的垂直度	$0.005r$	用百分表V形块检查
3	管口曲线	1.0	用套模和游标卡尺检查

4.1.5 制孔

A、B级螺栓孔（Ⅰ类孔）的孔径允许偏差和检验方法应符合表4-8的规定。

检查数量：按钢构件数抽查10%，且不应少于3件。

A、B级螺栓孔径允许偏差和检验方法 表4-8

项次	螺栓公称直径、螺栓孔直径 (mm)	螺栓公称直径允许偏差 (mm)	螺栓孔直径允许偏差 (mm)	检验方法
1	10~18	0.00 -0.21	+0.18 0.00	用游标卡尺或孔径量规检查
2	18~30	0.00 -0.21	+0.21 0.00	
3	30~50	0.00 -0.25	+0.25 0.00	

C级螺栓孔（Ⅱ类孔）的孔径允许偏差和检验方

法应符合表 4-9 的规定。

C 级螺栓孔允许偏差和检验方法　表 4-9

项次	项目	允许偏差（mm）	检验方法
1	螺栓孔直径	+1.0、0.0	用游标卡尺或孔径量规检查
2	螺栓孔圆度	2.0	
3	螺栓孔垂直度	$0.03t$，且不应大于 2.0	

螺栓孔孔距的允许偏差和检验方法应符合表 4-10 的规定。

检查数量：按钢构件数抽查 10%，且不应少于 3 件。

螺栓孔孔径允许偏差和检验方法　表 4-10

螺栓孔孔距范围（mm）	≤500	501~1200	1201~3000	>3000
同一组内任意两孔间距离（mm）	±1.0	±1.5	—	—
相邻两组的端孔间距离（mm）	±1.5	±2.0	±2.5	±3.0
检验方法	用钢尺检查			

注：1. 在节点中连接板与一根杆件相连的所有螺栓孔为一组；
　　2. 对接接头在拼接板一侧的螺栓孔为一组；
　　3. 在两相邻节点或接头间的螺栓孔为一组，但不包括上述两款所规定的螺栓孔；
　　4. 受弯构件翼缘上的连接螺栓孔，每米长度范围内的螺栓孔为一组。

4.1.6 焊接

对接焊缝及完全熔透组合焊缝尺寸的允许偏差和检验方法应符合表 4-11 的规定。

对接焊缝及完全熔透组合焊缝尺寸允许偏差和检验方法 表 4-11

项次	项目	图例	允许偏差 (mm)		检验方法
			一、二级	三级	
1	对接焊缝余高 C		$B<20$：0 ~ 3.0 $B \geqslant 20.0$ ~ 4.0	$B<20$：0 ~ 4.0 $B \geqslant 20$：0 ~ 5.0	用焊缝量规检查
2	对接焊缝错边 d		$d<0.15t$, 且 $\leqslant 2.0$	$d<0.15t$, 且 $\leqslant 3.0$	

部分焊透组合焊缝和角焊缝外形尺寸的允许偏差和检验方法应符合表 4-12 的规定。

部分焊透组合焊缝和角焊缝外形尺寸允许偏差和检验方法　　表 4-12

项次	项目	图　例	允许偏差 (mm)	检验方法
1	焊脚尺寸 h_f		$h_f \leqslant 6$：0～1.5 $h_f > 6$：0～3.0	用焊缝量规检查
2	角焊缝余高 C		$h_f \leqslant 6$：0～1.5 $h_f > 6$：0～3.0	

注：1. $h_f > 8.0$mm 的角焊缝其局部焊脚尺寸允许低于设计要求值 1.0mm，但总长度不得超过焊缝长度 10%；
2. 焊接 H 形梁腹板与翼缘板的焊缝两端在其两倍翼缘板宽度范围内，焊缝的焊脚尺寸不得低于设计值。

4.2　钢构件组装工程

4.2.1　焊接 H 型钢

焊接 H 型钢的允许偏差和检验方法应符合表

4-13的规定。

检查数量：按钢构件数抽查10%，且不应少于3件。

焊接H型钢的允许偏差和检验方法（mm） 表4-13

项次	项目		允许偏差	图例	检验方法
1	截面高度 h	$h<500$	±2.0		用钢尺、角尺、塞尺等检查
		$500<h<1000$	±3.0		
		$h>1000$	±4.0		
2	截面宽度 b		±3.0		
3	腹板中心偏移		2.0		
4	翼缘板垂直度 Δ		$b/100$，且不应大于3.0		

续表

项次	项目	允许偏差	图例	检验方法
5	弯曲矢高（受压构件除外）	$l/1000$ 且不应大于10.0		用钢尺、角尺、塞尺等检查
6	扭曲	$h/250$，且不应大于5.0		
7	腹板局部平面度 f	$t<14$: 3.0 $t\geq14$: 2.0		

4.2.2 组装

焊接连接制作组装的允许偏差和检验方法应符合表4-14的规定。

检查数量：按构件数抽查10%，且不应少于3个。

焊接连接制作组装的允许偏差和检验方法　表 4-14

项次	项目	允许偏差(mm)	图例	检验方法
1	对口错边 Δ	$t/10$，且不应大于 3.0		用钢尺检查
2	间隙 a	±1.0		
3	搭接长度 a	±5.0		
4	缝隙 Δ	1.5		
5	高度 h	±2.0		
6	垂直度 Δ	$b/100$，且不应大于 3.0		
7	中心偏移 e	±2.0		
8	型钢错位 连接处	1.0		
	型钢错位 其他处	2.0		

续表

项次	项目	允许偏差(mm)	图例	检验方法
9	箱形截面高度 h	±2.0		用钢尺检查
10	宽度 b	±2.0		用钢尺检查
11	垂直度 Δ	$b/200$,且不应大于3.0		用钢尺检查

桁架结构杆件轴线交点错位的允许偏差不得大于 3.0mm。

检查数量：按构件数抽查 10%，且不应少于 3 个，每个抽查构件按节点数抽查 10%，且不应少于 3 个节点。

检验方法：尺量检查。

4.2.3 端部铣平及安装焊缝坡口

端部铣平的允许偏差和检验方法应符合表 4-15 的规定。

检查数量：按铣平面数抽查 10%，且不应少于 3 个。

4 钢结构工程

端部铣平允许偏差和检验方法 表 4-15

项次	项目	允许偏差（mm）	检验方法
1	两端铣平时构件长度	±2.0	用钢尺、角尺、塞尺等检查
2	两端铣平时零件长度	±0.5	
3	铣平面的平面度	0.3	
4	铣平面对轴线的垂直度	$l/1500$	

注：l 为铣平面的长度。

安装焊缝坡口的允许偏差和检验方法应符合表 4-16 的规定。

检查数量：按坡口数抽查 10%，且不应少于 3 条。

安装焊缝坡口允许偏差和检验方法 表 4-16

项次	项目	允许偏差	检验方法
1	坡口角度	±5°	用焊缝量规检查
2	钝边	±1.0mm	

4.2.4 钢构件外形尺寸

钢构件外形尺寸主控项目的允许偏差和检验方法应符合表 4-17 的规定。

检查数量：全数检查。

钢构件外形尺寸允许偏差和检验方法 表 4-17

项次	项　目	允许偏差（mm）	检验方法
1	单层柱、梁、桁架受力支托（支承面）表面至第一个安装孔距离	±1.0	用钢尺检查
2	多节柱铣平面至第一个安装孔距离	±1.0	
3	实腹梁两端最外侧安装孔距离	±3.0	
4	构件连接处的截面几何尺寸	±3.0	
5	柱、梁连接处的腹板中心线偏移	2.0	
6	受压构件（杆件）弯曲矢高	$l/1000$，且不应大于 10.0	

注：l 为受压构件（杆件）的长度。

单层钢柱外形尺寸的允许偏差和检验方法应符合表 4-18 的规定。

检查数量：按钢柱数抽查 10%，且不应少于 3 件。

单层钢柱外形尺寸的允许偏差和检验方法　表 4-18

项次	项目		允许偏差 (mm)	检验方法
1	柱底面端到柱架的最一个安装孔距离		±l/1500 ±15.0	用钢尺检查
2	柱底面到牛腿支承面距离 l_1		±l_1/2000 ±8.0	用钢尺检查
3	牛腿面的翘曲 Δ		2.0	用拉线、直角尺和钢尺检查
4	柱身弯曲矢高		H/1200,且不应大于12.0	用拉线、直角尺和钢尺检查
5	柱身扭曲	牛腿处	3.0	用拉线、吊线和钢尺检查
		其他处	8.0	
6	柱截面几何尺寸	连接处	±3.0	用钢尺检查
		非连接处	±4.0	

续表

项次	项目		允许偏差（mm）	检验方法	图例
7	翼缘对腹板的垂直度	连接处	1.5	用直角尺和钢尺检查	
		其他处	$b/100$，且不应大于5.0		
8	柱脚底板平面度		5.0	用1m直尺和塞尺检查	
9	柱脚螺栓孔中心对柱轴线的距离		3.0	用钢尺检查	

多节钢柱外形尺寸的允许偏差和检验方法应符合表 4-19 的规定。检查数量同单层钢柱。

多节钢柱外形尺寸的允许偏差和检验方法（mm） 表 4-19

项次	项目		允许偏差	检验方法
1	一节柱高度 H		±3.0	用钢尺检查
2	两端最外侧安装孔距离 l_3		±2.0	用钢尺检查
3	铣平面到第一个安装孔距离 a		±1.0	用钢尺检查
4	柱身弯曲矢高 f		$H/1500$，且不应大于 5.0	用拉线和钢尺检查
5	一节柱的柱身扭曲		$h/250$，且不应大于 5.0	用拉线、吊线和钢尺检查
6	牛腿端孔到柱轴线距离 l_2		±3.0	用钢尺检查
7	牛腿的翘曲或扭曲 Δ	$l_2 \leqslant 1000$	2.0	用拉线、直角尺和钢尺检查
		$l_2 > 1000$	3.0	
8	柱截面尺寸	连接处	±3.0	用钢尺检查
		非连接处	±4.0	
9	柱脚底板平面度		5.0	用直尺和塞尺检查

续表

项次	项目		允许偏差	检验方法	图例
10	翼缘板对腹板的垂直度	连接处	1.5	用直角尺和钢尺检查	
		其他处	$b/100$,且不应大于5.0		
11	柱脚螺栓孔对柱轴线的距离 a		3.0		
12	箱型截面连接处对角线差		3.0	用钢尺检查	
13	箱型柱身板垂直度		$h(b)/150$,且不应大于5.0	用直角尺和钢尺检查	

焊接实腹钢梁外形尺寸的允许偏差和检验方法应符合表4-20的规定。

检查数量：按钢梁数抽查10%，且不应少于

3件。

焊接实腹钢梁外形尺寸的允许偏差和检验方法（mm） 表 4-20

项次	项目		允许偏差	检验方法
1	梁长度 l	端部有凸缘支座板	0 -5.0	用钢尺检查
		其他形式	±l/2500 ±10.0	
2	端部高度 h	$h \leqslant 2000$	±2.0	
		$h > 2000$	±3.0	
3	拱度	设计要求起拱	±l/5000	用拉线和钢尺检查
		设计未要求起拱	10.0 -5.0	
4	侧弯矢高		l/2000,且不应大于10.0	
5	扭曲		h/250,且不应大于10.0	用拉线、吊线和钢尺检查
6	腹板局部平面度	$t \leqslant 14$	5.0	用1m直尺和塞尺检查
		$t > 14$	4.0	

续表

项次	项目	允许偏差	检验方法	图例
7	翼缘板对腹板的垂直度	$b/100$，且不应大于3.0	用直角尺和钢尺检查	
8	吊车梁上翼缘与轨道接触面平面度	1.0	用200mm、1m直尺和塞尺检查	
9	箱型截面对角线差	5.0	用钢尺检查	
10	箱型截面两腹板至翼缘板中心线距离 a 连接处	1.0		
	其他处	1.5		

续表

项次	项目	允许偏差	检验方法	图例
11	梁端板的平面度（只允许凹进）	$h/500$，且不应大于 2.0	用直角尺和钢尺检查	
12	梁端板与腹板的垂直度	$h/500$，且不应大于 2.0	用直角尺和钢尺检查	

钢桁架外形尺寸的允许偏差和检验方法应符合表 4-21 的规定。检查数量同钢梁。

钢桁架外形尺寸的允许偏差和检验方法（mm） 表 4-21

项次	项目		允许偏差	检验方法	图例
1	桁架最外端两个孔或两端支承面最外侧距离	$l \leqslant 24\mathrm{m}$	+3.0 -7.0	用钢尺检查	
		$l > 24\mathrm{m}$	+5.0 -10.0		
2	桁架跨中高度		±10.0		
3	桁架跨中拱度	设计要求起拱	±l/5000		
		设计未要求起拱	10.0 - 5.0		
4	相邻节间弦杆弯曲（受压除外）		$l/1000$		

续表

项次	项目	允许偏差	检验方法	图例
5	支承面到第一个安装孔距离 a	±1.0	用钢尺检查	
6	檩条连接支座间距	±5.0		

钢管构件外形尺寸的允许偏差和检验方法应符合表 4-22 的规定。

检查数量：按构件数抽查 10%，且不应少于 3 件。

钢管构件外形尺寸的允许偏差和检验方法　　表4-22

项次	项目	允许偏差(mm)	检验方法	图例
1	直径 d	$\pm d/500$ ± 5.0	用钢尺检查	
2	构件长度 l	± 3.0		
3	管口圆度	$d/500$，且不应大于5.0		
4	管面对管轴的垂直度	$d/500$，且不应大于3.0	用焊缝量规检查	
5	弯曲矢高	$l/1500$，且不应大于5.0	用拉线、吊线和钢尺检查	
6	对口错边	$t/10$，且不应大于3.0	且拉线和钢尺检查	

注：对方矩形管，d 为长边尺寸。

墙架、檩条、支撑系统钢构件的允许偏差和检验方法应符合表4-23的规定。

检查数量：按构件数抽查 10%，且不应少于 3 件。

墙架、檩条、支撑系统钢构件外形尺寸的允许偏差和检验方法　　表 4-23

项次	项　目	允许偏差 (mm)	检验方法
1	构件长度 l	±4.0	用钢尺检查
2	构件两端最外侧安装孔距离 l_1	±3.0	用钢尺检查
3	构件弯曲矢高	$l/1000$，且不应大于 10.0	用拉线和钢尺检查
4	截面尺寸	+5.0 -2.0	用钢尺检查

注：l 为构件长度。

钢平台、钢梯和防护钢栏杆外形尺寸的允许偏差和检验方法应符合表 4-24 的规定。

检查数量：按构件数抽查 10%，且不应少于 3 件。

钢平台、钢梯和防护钢栏杆外形尺寸的允许偏差和检验方法 表 4-24

项次	项目	允许偏差 (mm)	检验方法	图例
1	平台长度和宽度	±5.0	用钢尺检查	
2	平台两对角线差 $|l_1-l_2|$	6.0	用钢尺检查	
3	平台支柱高度	±3.0	用钢尺检查	
4	平台支柱弯曲矢高	5.0	用拉线和钢尺检查	
5	平台表面平面度（1m范围内）	6.0	用1m直尺和塞尺检查	
6	梯梁长度 l	±5.0	用钢尺检查	
7	钢梯宽度 b	±5.0	用钢尺检查	

续表

项次	项目	允许偏差 (mm)	检验方法	图例
8	钢梯安装孔距离 a	±3.0	用钢尺检查	
9	钢梯纵向挠曲矢高	$l/1000$	用拉线和钢尺检查	
10	踏步（棍）间距	±5.0	用钢尺检查	
11	栏杆高度	±5.0		
12	栏杆立柱间距	±10.0		

4.3 钢构件预拼装工程

钢构件预拼装的允许偏差和检验方法应符合表4-25的规定。

检查数量：按预拼装单元全数检查。

钢构件预拼装的允许偏差和检验方法　　表 4-25

项次	构件类型	项目	允许偏差 (mm)	检查方法
1	多节柱	预拼装单元总长	±5.0	用钢尺检查

续表

项次	构件类型	项目		允许偏差 (mm)	检查方法
1	多节柱	预拼装单元弯曲矢高		$l/1500$,且不应大于 10.0	用拉线和钢尺检查
		接口错边		2.0	用焊缝量规检查
		预拼装单元柱身扭曲		$h/200$,且不应大于 5.0	用拉线、吊线和钢尺检查
		顶紧面至任一牛腿距离		±2.0	
2	梁、桁架	跨度最外两端安装孔或两端支承面最外侧距离		+5.0 −10.0	用钢尺检查
		接口截面错位		2.0	用焊缝量规检查
		拱度	设计要求起拱	±$l/5000$	用拉线和钢尺检查
			设计未要求起拱	$l/20000$	
		节点处杆件轴线错位		4.0	划线后用钢尺检查
3	管构件	预拼装单元总长		±5.0	用钢尺检查
		预拼装单元弯曲矢高		$l/1500$,且不应大于 10.0	用拉线和钢尺检查
		对口错边		$t/10$,且不应大于 3.0	用焊缝量规检查
		坡口间隙		+2.0 −1.0	

续表

项次	构件类型	项目	允许偏差（mm）	检查方法
4	构件平面总体预拼装	各楼层柱距	±4.0	用钢尺检查
		相邻楼层梁与梁之间距离	±3.0	
		各层间框架两对角线之差	$H/2000$，且不应大于5.0	
		任意两对角线之差	$\Sigma H/2000$，且不应大于8.0	

4.4 单层钢结构安装工程

4.4.1 基础与支承面

基础顶面直接作为柱的支承面和基础顶面预埋钢板或支座作为柱的支承面时，其支承面、地脚螺栓（锚栓）位置的允许偏差和检验方法应符合表4-26的规定。

检查数量：按柱基数抽查10%，且不应少于3个。

支承面、地脚螺栓位置允许偏差和检验方法 表4-26

项次	项目		允许偏差(mm)	检验方法
1	支承面	标高	±3.0	用经纬仪、水准仪、全站仪、水平尺和钢尺检查
		水平度	$l/1000$	
2	地脚螺栓（锚栓）	螺栓中心偏移	5.0	
3	预留孔中心偏移		10.0	

注：l 为支承面长度。

采用坐浆垫板时，坐浆垫板的允许偏差和检验方法应符合表4-27的规定。

检查数量：资料全数检查。按柱基数抽查10%，且不应少于3个。

坐浆垫板允许偏差和检验方法 表4-27

项次	项目	允许偏差(mm)	检验方法
1	顶面标高	0.0 -3.0	用水准仪、全站仪、水平尺和钢尺现场实测
2	水平度	$l/1000$	
3	位置	20.0	

采用杯口基础时，杯口尺寸的允许偏差和检验方法应符合表4-28的规定。

检查数量：按基础数抽查10%，且不应少于4处。

杯口尺寸允许偏差和检验方法　　表 4-28

项次	项　目	允许偏差 (mm)	检验方法
1	杯口底面标高	0.0 -5.0	观察及尺量检查
2	杯口深度	±5.0	
3	杯口垂直度	$H/100$，且应不大于10.0	
4	杯口位置	10.0	

注：H 为杯口深度。

地脚螺栓（锚栓）尺寸的偏差和检验方法应符合表4-29的规定。

检查数量：按柱基数抽查10%，且不应少于3个。

地脚螺栓（锚栓）尺寸允许偏差和检验方法　　表 4-29

项次	项　目	允许偏差 (mm)	检验方法
1	螺栓（锚栓）露出长度	+30.0 0.0	用钢尺现场实测
2	螺纹长度	+30.0 0.0	

4.4.2　安装和校正

钢屋（托）架、桁架、梁及受压杆件的垂直度和侧向弯曲矢高的允许偏差和检验方法应符合表4-30的规定。

检查数量：按同类构件抽查10%，且不应少于3个。

钢屋（托）架、桁架、梁及受压杆件垂直度和侧向弯曲矢高的允许偏差和检验方法 表4-30

项次	项目	允许偏差(mm)	图例	检验方法
1	跨中的垂直度	$h/250$，且不应大于15.0		
2	侧向弯曲矢高 f	$l \leqslant 30m$	$l/1000$，且不应大于10.0	用吊线、拉线、经纬仪和钢尺现场实测
		$30m < l \leqslant 60m$	$l/1000$，且不应大于30.0	
		$l > 60m$	$l/1000$，且不应大于50.0	

单层钢结构主体结构的整体垂直度和整体平面弯曲的允许偏差和检验方法应符合表 4-31 的规定。

检查数量：对主要立面全部检查。对每个所检查的立面，除两列角柱外，尚应至少选取一列中间柱。

整体垂直度和整体平面弯曲的允许偏差和检验方法　　表 4-31

项次	项目	允许偏差 (mm)	图例	检验方法
1	主体结构的整体垂直度	$H/1000$, 且不应大于 25.0		用经纬仪、全站仪等测量
2	主体结构的整体平面弯曲	$L/1500$, 且不应大于 25.0		

钢柱安装的允许偏差和检验方法应符合表 4-32 的规定。

检查数量：按钢柱数抽查 10%，且不应少于 3 件。

单层钢结构中柱子安装的允许偏差和检验方法　　表 4-32

项次	项目		允许偏差 (mm)	图例	检验方法
1	柱脚底座中心线对定位轴线的偏移		5.0		用吊线和钢尺检查
2	柱基准点标高	有吊车梁的柱	+3.0 −5.0		用水准仪检查
		无吊车梁的柱	+5.0 −8.0		

续表

项次	项目			允许偏差(mm)	图例	检验方法
3	弯曲矢高			$H/1200$，且不应大于 15.0		用经纬仪或拉线和钢尺检查
4	柱轴线垂直度	单层柱	$H \leqslant 10\text{m}$	$H/1000$		用经纬仪或吊线和钢尺检查
			$H > 10\text{m}$	$H/1000$，且不应大于 25.0		
		多节柱	单节柱	$H/1000$，且不应大于 10.0		
			柱全高	35.0		

钢吊车梁或直接承受动力荷载的类似构件，其安装的允许偏差应符合表 4-33 的规定。

检查数量：按钢吊车梁数抽查 10%，且不应少于 3 榀。

钢吊车梁安装的允许偏差和检验方法 表 4-33

项次	项目		允许偏差 (mm)	图例	检验方法
1	梁的跨中垂直度 Δ		$h/500$		用吊线和钢尺检查
2	侧向弯曲矢高		$l/1500$,且不应大于 10.0		
3	垂直上拱矢高		10.0		
4	两端支座中心位移 Δ	安装在钢柱上时,对牛腿中心的偏移	5.0		用拉线和钢尺检查
		安装在混凝土柱上时,对定位轴线的偏移	5.0		
5	吊车梁支座加劲板中心与柱子承压加劲板中心的偏移 $Δ_1$		$t/2$		用吊线和钢尺检查

续表

项次	项目		允许偏差(mm)	图例	检验方法
6	同跨间内同一横截面吊车梁顶面高差 Δ	支座处	10.0		用经纬仪、水准仪和钢尺检查
		其他处	15.0		
7	同跨间内同一横截面下挂式吊车梁底面高差 Δ		10.0		
8	同列相邻两柱间吊车梁顶面高差 Δ		l/1500,且不应大于10.0		用水准仪和钢尺检查
9	相邻两吊车梁接头部位 Δ	中心错位	3.0		用钢尺检查
		上承式顶面高差	1.0		
		下承式底面高差	1.0		

续表

项次	项 目	允许偏差 (mm)	图 例	检验方法
10	同跨间任一截面的吊车梁中心跨距 △	±10.0		用经纬仪和光电测距仪检查；跨度小时，可用钢尺检查
11	轨道中心对吊车梁腹板轴线的偏移 △	$t/2$		用吊线和钢尺检查

檩条、墙架等次要构件安装的允许偏差和检验方法应符合表 4-34 的规定。

检查数量：按同类构件数抽查10%，且不应少于3件。

墙架、檩条等次要构件安装的允许偏差和检验方法 表 4-34

项次	项目		允许偏差(mm)	检验方法
1	墙架立柱	中心线对定位轴线的偏移	10.0	用钢尺检查
		垂直度	$H/1000$，且不应大于10.0	用经纬仪或吊线和钢尺检查
		弯曲矢高	$H/1000$，且不应大于15.0	用经纬仪或吊线和钢尺检查
2	抗风桁架的垂直度		$h/250$，且不应大于15.0	用吊线和钢尺检查
3	檩条、墙梁的间距		±5.0	用钢尺检查
4	檩条的弯曲矢高		$L/750$，且不应大于12.0	用拉线和钢尺检查
5	墙梁的弯曲矢高		$L/750$，且不应大于10.0	用拉线和钢尺检查

注：1. H 为墙架立柱的高度；
　　2. h 为抗风桁架的高度；
　　3. L 为檩条或墙梁的长度。

钢平台、钢梯、防护栏杆安装的允许偏差和检验方法应符合表 4-35 的规定。

检查数量：按钢平台总数抽查 10%，栏杆、钢梯按总长度各抽查 10%，但钢平台不应少于 1 个，栏杆不应少于 5m，钢梯不应少于 1 跑。

钢平台、钢梯和防护栏杆安装的允许偏差和检验方法 表 4-35

项次	项 目	允许偏差 (mm)	检验方法
1	平台高度	±15.0	用水准仪检查
2	平台梁水平度	$l/1000$，且不应大于 20.0	用水准仪检查
3	平台支柱垂直度	$H/1000$，且不应大于 15.0	用经纬仪或吊线和钢尺检查
4	承重平台梁侧向弯曲	$l/1000$，且不应大于 10.0	用拉线和钢尺检查
5	承重平台梁垂直度	$h/250$，且不应大于 15.0	用吊线和钢尺检查
6	直梯垂直度	$l/1000$，且不应大于 15.0	用吊线和钢尺检查
7	栏杆高度	±15.0	用钢尺检查
8	栏杆立柱间距	±15.0	用钢尺检查

注：1. l 为平台梁的长度；或直梯的长度；
　　2. H 为平台支柱的高度；
　　3. h 为平台梁的高度。

现场焊缝组对间隙的允许偏差和检验方法应符合表 4-36 的规定。

检查数量：按同类节点数抽查 10%，且不应少于 3 个。

现场焊缝组对间隙允许偏差和
检验方法　　　　表 4-36

项次	项　目	允许偏差（mm）	检验方法
1	无垫板间隙	+3.0 0.0	尺量检查
2	有垫板间隙	+3.0 −2.0	

4.5　多层及高层钢结构安装工程

4.5.1　基础和支承面

建筑物的定位轴线、基础上柱的定位轴线和标高、地脚螺栓（锚栓）位移的允许偏差和检验方法应符合表 4-37 的规定。

检查数量：按柱基数抽查 10%，且不应少于 3 个。

建筑物定位轴线、基础上柱的定位轴线和标高、地脚螺栓
（锚栓）的允许偏差和检验方法　　表 4-37

项次	项目	允许偏差 (mm)	图例	检验方法
1	建筑物定位轴线	$L/20000$，且不应大于 3.0		用经纬仪、水准仪、全站仪和钢尺实测
2	基础上柱的定位轴线	1.0		
3	基础上柱底标高	±2.0		
4	地脚螺栓（锚栓）位移	2.0		

多层建筑以基础顶面直接作为柱的支承面,或以基础顶面预埋钢板或支座作为柱的支承面时,其支承面、地脚螺栓(锚栓)位置的允许偏差的检验方法见表4-26。

检查数量:按柱基数抽查10%,且不应少于3个。

多层建筑采用坐浆垫板时,坐浆垫板的允许偏差和检验方法见表4-27。

检查数量:资料全数检查。按柱基数抽查10%,且不应少于3个。

当采用杯口基础时,杯口尺寸的允许偏差和检验方法见表4-28。

检查数量:按基础数抽查10%,且不应少于4处。

4.5.2 安装和校正

柱子安装的允许偏差和检验方法应符合表4-38的规定。

检查数量:标准柱全部检查;非标准柱抽查10%,且不应少于3根。

柱子安装的允许偏差和检验方法　表 4-38

项次	项目	允许偏差 (mm)	图例	检验方法
1	底层柱柱底轴线对定位轴线偏移	3.0		
2	柱子定位轴线	1.0		用全站仪或激光经纬仪和钢尺实测
3	单节柱的垂直度	$h/1000$，且不应大于 10.0		

钢主梁、次梁及受压构件的垂直度和侧向弯曲

矢高的允许偏差和检验方法见表 4-30 中有关规定。

检查数量：按同类构件数抽查 10%，且不应少于 3 个。

多层及高层钢结构主体结构的整体垂直度和整体平面弯曲的允许偏差和检验方法应符合表 4-39 的规定。

整体垂直度和整体平面弯曲的允许偏差和检验方法　　表 4-39

项次	项目	允许偏差 (mm)	图　例	检验方法
1	主体结构的整体垂直度	($H/2500$ + 10.0)，且不应大于 50.0		用激光经纬仪、全程仪测量
2	主体结构的整体平面弯曲	$L/1500$，且不应大于 25.0		按产生的允许偏差累计（代数和）计算

检查数量：对主要立面全部检查。对每个所检查的立面，除两列角柱外，尚应至少选取一列中间柱。

钢构件安装的允许偏差和检验方法应符合表4-40的规定。

检查数量：按同类构件或节点数抽查10%。其中柱和梁各不应少于3件，主梁与次梁连接节点不应少于3个，支承压型金属板的钢梁长度不应少于5m。

多层及高层钢结构中构件安装的允许偏差和检验方法 表4-40

项次	项目	允许偏差 (mm)	图例	检验方法
1	上、下柱连接处的错口 △	3.0		用钢尺检查
2	同一层柱的各柱顶高度差 △	5.0		用水准仪检查

续表

项次	项目	允许偏差 (mm)	图例	检验方法
3	同一根梁两端顶面的高差 Δ	$l/1000$，且不应大于 10.0		用水准仪检查
4	主梁与次梁表面的高差 Δ	±2.0		用直尺和钢尺检查
5	压型金属板在钢梁上相邻列的错位 Δ	15.0		用直尺和钢尺检查

多层及高层钢结构主体结构总高度的允许偏差和检验方法应符合表 4-41 的规定。

检查数量：按标准柱列数抽查 10%，且不应少于 4 列。

多层及高层钢结构主体结构总高度的允许偏差和检验方法　　表 4-41

项次	项目	允许偏差 (mm)	图例	检验方法
1	用相对标高控制安装	$\pm\Sigma(\Delta_h + \Delta_z + \Delta_w)$	H	用全站仪、水准仪和钢尺实测
2	用设计标高控制安装	$H/1000$，且不应大于 30.0 $-H/1000$，且不应小于 -30.0		

注：1. Δ_h 为每节柱子长度的制造允许偏差；
　　2. Δ_z 为每节柱子长度受荷载后的压缩值；
　　3. Δ_w 为每节柱子接头焊缝的收缩值。

多层及高层钢结构中钢吊车梁或直接承受动力荷载的类似构件，其安装的允许偏差和检验方法见表 4-33。

多层及高层钢结构中檩条、墙架等次要构件安装的允许偏差和检验方法见表 4-34。

多层及高层钢结构中钢平台、钢梯和防护栏杆安装的允许偏差和检验方法见表 4-35。

多层及高层钢结构中现场焊缝组对间隙的允许偏差和检验方法见表 4-36。

4.6 钢网架结构安装工程

4.6.1 支承面顶板和支承垫块

支承面顶板的位置、标高、水平度以及支座锚栓位置的允许偏差和检验方法应符合表 4-42 的规定。

支承面顶板、支座锚栓位置允许偏差和检验方法

表 4-42

项次	项目		允许偏差(mm)	检验方法
1	支承面顶板	位置 顶面标高 顶面水平度	15.0 0, -3.0 $l/1000$	用经纬仪、水准仪、水平尺和钢尺实测
2	支座锚栓	中心偏移	±5.0	

检查数量：按支座数抽查 10%，且不应少于 4 处。

支座锚栓尺寸的允许偏差和检验方法见表 4-29。

检查数量：按支座数抽查 10%，且不应少于 4 处。

4.6.2 总拼与安装

小拼单元的允许偏差和检验方法应符合表 4-43 的规定。

检查数量：按单元数抽查 5%，且不应少于 5 个。

中拼单元的允许偏差和检验方法应符合表 4-44 的规定。检查数量：全数检查。

小拼单元允许偏差和检验方法　表 4-43

项次	项目		允许偏差 (mm)	检验方法
1	节点中心偏移		2.0	用钢尺和拉线等辅助量具实测
2	焊接球节点与钢管中心偏移		1.0	
3	杆件轴线的弯曲矢高		$l_1/1000$，且不应大于 5.0	
4	锥体型小拼单元	弦杆长度	±2.0	
		锥体高度	±2.0	
		上弦杆对角线长度	±3.0	
5	平面桁架型小拼单元	跨长 ≤24m	+3.0，-7.0	
		跨长 >24m	+5.0，-10.0	
		跨中高度	±3.0	
		跨中拱度 起拱	±L/5000	
		跨中拱度 未起拱	+10.0	

注：l_1 为杆件长度；L 为跨长。

中拼单元允许偏差和检验方法 表 4-44

项次	项目		允许偏差（mm）	检验方法
1	单元长度≤20m，拼装长度	单跨	±10.0	用钢尺和辅助量具实测
		多跨连续	±5.0	
2	单元长度>20m，拼接长度	单跨	±20.0	
		多跨连续	±10.0	

钢网架结构安装的允许偏差和检验方法应符合表 4-45 的规定。

检查数量：除杆件弯曲矢高按杆件数抽查 5% 外，其余全数检查。

钢网架结构安装允许偏差和检验方法 表 4-45

项次	项目	允许偏差（mm）	检验方法
1	纵向、横向长度	$L/2000$，且不应大于 30.0 $-L/2000$，且不应大于 -30.0	用钢尺实测
2	支座中心偏移	$L/3000$，且不应大于 30.0	用钢尺和经纬仪实测
3	周边支承网架相邻支座高差	$L/400$，且不应大于 15.0	用钢尺和水准仪实测
4	支座最大高差	30.0	
5	多点支承网架相邻支座高差	$L_1/800$，且不应大于 30.0	

注：L 为纵向、横向长度；L_1 为相邻支座间距。

4.7 压型金属板工程

4.7.1 压型金属板制作

压型金属板的尺寸允许偏差和检验方法应符合表4-46的规定。

检查数量：按计件数抽查5%，且不应少于10件。

压型金属板尺寸允许偏差和检验方法 表4-46

项次	项 目		允许偏差(mm)	检验方法
1	波距		±2.0	用拉线和钢尺检查
2	波高	截面高度≤70	±1.5	
		截面高度>70	±2.0	
3	侧向弯曲	在测量长度L_1的范围内	20.0	

注：L_1为测量长度，指板长扣除两端各0.5m后的实际长度（小于10m）或扣除后任选的10m长度。

压型金属板施工现场制作的允许偏差和检验方法应符合表4-47的规定。

检查数量：按计件数抽查5%，且不应少于10件。

压型金属板施工现场制作允许偏差和检验方法 表4-47

项次	项 目		允许偏差(mm)	检验方法
1	压型金属板的覆盖宽度	截面高度≤70	+10.0, -2.0	用钢尺、角尺检查
		截面高度>70	+6.0, -2.0	
2	板长		±9.0	
3	横向切剪偏差		6.0	
4	泛水板、包角板尺寸	板长	±6.0	
		折弯曲宽度	±3.0	
		折弯曲夹角	2°	

4.7.2 压型金属板安装

压型金属板安装的允许偏差和检验方法应符合表4-48的规定。

压型金属板安装允许偏差和检验方法 表4-48

项次	项 目		允许偏差(mm)	检验方法
1	屋面	檐口与屋脊的平行度	12.0	用拉线、吊线和钢尺检查
		压型金属板波纹线对屋脊的垂直度	$L/800$,且不应大于25.0	
		檐口相邻两块压型金属板端部错位	6.0	
		压型金属板卷边板件最大波浪高	4.0	

续表

项次	项目		允许偏差（mm）	检验方法
2	墙面	墙板波纹线的垂直度	$H/800$，且不应大于 25.0	用拉线、吊线和钢尺检查
		墙板包角板的垂直度	$H/800$，且不应大于 25.0	
		相邻两块压型金属板下端错位	6.0	

注：L 为屋面半坡或单坡长度；H 为墙面高度。

检查数量：檐口与屋脊的平行度：按长度抽查 10%，且不应少于 10m。其他项目：每 20m 长度应抽查 1 处，不应少于 2 处。

5 木结构工程

5.1 方木和原木结构

木桁、木梁(含檩条)及木柱制作的允许偏差应符合表 5-1 的规定。

木桁架、梁、柱制作的允许偏差和检验方法　　　表 5-1

项次	项目		允许偏差(mm)	检验方法
1	构件截面尺寸	方木构件高度、宽度 板材厚度、宽度 原木构件梢径	-3 -2 -5	钢尺量
2	结构长度	长度不大于15m 长度大于15m	±10 ±15	钢尺量桁架支座节点中心间距,梁、柱全长(高)
3	桁架高度	跨度不大于15m 跨度大于15m	±10 ±15	钢尺量脊节点中心与下弦中心距离
4	受压或压弯构件纵向弯曲	方木构件 原木构件	L/500 L/200	拉线钢尺量

续表

项次	项目			允许偏差（mm）	检验方法
5	弦杆节点间距			±5	钢尺量
6	齿连接刻槽深度			±2	
7	支座节点受剪面	长度		−10	
		宽度	方木	−3	
			原木	−4	
8	螺栓中心间距	进孔处		±0.2d	钢尺量
		出孔处	垂直木纹方向	±0.5d 且不大于 4B/100	
			顺木纹方向	±1d	
9	钉进孔处的中心间距			±1d	
10	桁架起拱			+20 −10	以两支座节点下弦中心线为准，拉一水平线，用钢尺量跨中下弦中心线与拉线之间距离

注：d 为螺栓或钉的直径；L 为构件长度；B 为板束总厚度。

检查数量：检验批全数。

木桁架、梁、柱安装的允许偏差应符合表 5-2 的规定。

检查数量：检验批全数。

木桁架、梁、柱安装的允许偏差和检验方法　　表 5-2

项次	项目	允许偏差 (mm)	检验方法
1	结构中心线的间距	±20	钢尺量
2	垂直度	$H/200$ 且不大于 15	吊线钢尺量
3	受压或压弯构件纵向弯曲	$L/300$	吊（拉）线
4	支座轴线对支承面中心位移	10	钢尺量钢尺量
5	支座标高	±5	用水准仪

注：H 为桁架、柱的高度；L 为构件长度。

屋面木骨架的安装允许偏差应符合表 5-3 的规定。

屋面木骨架的安装允许偏差和检验方法　　表 5-3

项次	项目		允许偏差 (mm)	检验方法
1	檩条、椽条	方木截面	-2	钢尺量
		原木梢径	-5	钢尺量，椭圆时取大小径的平均值
		间距	-10	钢尺量
		方木上表面平直	4	沿坡拉线钢尺量
		原木上表面平直	7	
2	油毡搭接宽度		-10	钢尺量
3	挂瓦条间距		±5	
4	封山、封檐板平直	下边缘	5	拉 10m 线，不足 10m 拉通线，钢尺量
		表面	8	

检查数量：检验批全数。

5.2 胶合木结构

胶合时木板宽度方向的厚度允许偏差不应超过±0.2mm，每块木板长度方向的厚度允许偏差不应超过±0.3mm。

检查数量：每检验批100块。

检验方法：用钢尺量。

表面加工的截面允许偏差：

1. 宽度：±2.0mm；
2. 高度：±6.0mm；
3. 规方：以承载处的截面为准，最大的偏离为1/200。

检查数量：每检验批10个。

检验方法：用钢尺量。

胶合木构件外观C级的允许偏差和错位应符合表5-4的规定（图5-1）。

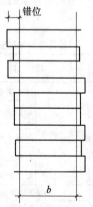

图5-1 胶合木构件错位

胶合木构件外观 C 级的允许偏差和错位 表 5-4

截面的高度或宽度（mm）	截面高度或宽度的允许偏差（mm）	错位最大值（mm）
h 或 b < 100	±2	4
100 < h 或 b < 300	±3	5
300 < h 或 b	±6	6

检查数量：每检验批 10 个。

检验方法：用钢尺量。

5.3 轻型木结构

轻型木结构规格材的允许扭曲值应符合表 5-5 的规定。

轻型木结构规格材的允许扭曲值 表 5-5

长度(m)	扭曲程度	高 度 (mm)					
		40	65 和 90	115 和 140	185	235	285
1.2	极轻	1.6	3.2	5	6	8	10
	轻度	3	6	10	13	16	19
	中度	5	10	13	19	22	29
	重度	6	13	19	25	32	38

续表

长度(m)	扭曲程度	高度 (mm)					
		40	65和90	115和140	185	235	285
1.8	极轻	2.4	5	8	10	11	14
	轻度	5	10	13	19	22	29
	中度	7	13	19	29	35	41
	重度	10	19	29	38	48	57
2.4	极轻	3.2	6	10	13	16	19
	轻度	6	5	19	25	32	38
	中度	10	19	29	38	48	57
	重度	13	25	38	51	64	76
3	极轻	4	8	11	16	19	24
	轻度	8	16	22	32	38	48
	中度	13	22	35	48	60	70
	重度	16	32	48	64	79	95
3.7	极轻	5	10	14	19	24	29
	轻度	10	19	29	38	48	57
	中度	14	29	41	57	70	86
	重度	19	38	57	76	95	114
4.3	极轻	6	11	16	22	27	33
	轻度	11	22	32	44	54	67
	中度	16	32	48	67	83	98
	重度	22	44	67	89	111	133
4.9	极轻	6	13	19	25	32	38
	轻度	13	25	38	51	64	76
	中度	19	38	57	76	95	114
	重度	25	51	76	102	127	152

续表

长度 (m)	扭曲 程度	高 度 (mm)					
		40	65 和 90	115 和 140	185	235	285
5.5	极轻 轻度 中度 重度	8 14 22 29	14 29 41 57	21 41 64 86	29 57 86 108	37 70 108 143	43 86 127 171
≥6.1	极轻 轻度 中度 重度	8 16 25 32	16 32 48 64	24 48 70 95	32 64 95 127	40 79 117 159	48 95 143 191

轻型木结构规格材的允许横弯值应符合表5-6的规定。

检查数量：每检验批随机取样100块。

检验方法：用钢尺或量角器测。

轻型木结构规格材的允许横弯值 表 5-6

长度 (m)	横弯 程度	高 度 (mm)						
		40	65	90	115 和 140	185	235	285
1.2 和 1.8	极轻 轻度 中度 重度	3.2 6 10 13	3.2 6 10 13	3.2 6 10 13	3.2 5 8 10	1.6 3.2 6 6	1.6 1.6 3.2 5	1.6 1.6 3.2 5
2.4	极轻 轻度 中度 重度	6 10 13 19	6 10 13 19	5 10 13 19	3.2 8 10 16	3.2 6 10 13	1.6 5 6 10	1.6 3.2 5 6

续表

长度 (m)	横弯 程度	高 度 (mm)						
		40	65	90	115和140	185	235	285
3.0	极轻	10	8	6	5	5	3.2	3.2
	轻度	19	16	13	11	10	6	5
	中度	35	25	19	16	13	11	10
	重度	44	32	29	25	22	19	16
3.7	极轻	13	10	10	8	6	5	5
	轻度	25	19	17	16	13	11	10
	中度	38	29	25	25	22	19	14
	重度	51	38	35	32	29	25	21
4.3	极轻	16	13	11	10	8	6	5
	轻度	32	25	22	19	16	13	10
	中度	51	38	32	29	25	22	19
	重度	70	51	44	38	32	29	25
4.9	极轻	19	16	13	11	10	8	6
	轻度	41	32	25	22	19	16	13
	中度	64	48	38	35	29	25	22
	重度	83	64	51	44	38	32	29
5.5	极轻	25	19	16	13	11	10	8
	轻度	51	35	29	25	22	19	16
	中度	76	52	41	38	32	29	25
	重度	102	70	57	51	44	38	32
6.1	极轻	29	22	19	16	13	11	10
	轻度	57	38	35	32	25	22	19
	中度	86	57	52	48	38	32	29
	重度	114	76	70	64	51	44	38

续表

长度 (m)	横弯 程度	高 度 (mm)						
		40	65	90	115 和 140	185	235	285
6.7	极轻 轻度 中度 重度	32 64 95 127	25 44 67 89	22 41 62 83	19 38 57 76	16 32 48 64	13 25 38 51	11 22 32 44
7.3	极轻 轻度 中度 重度	38 76 114 152	29 51 76 102	25 30 48 95	22 44 67 89	19 38 57 76	16 32 48 64	13 25 41 57

6 屋面工程

6.1 卷材防水屋面

6.1.1 屋面找平层

找平层表面平整度的允许偏差为±5mm。

检查数量：按找平层面积每100m²抽查一处，每处10m²，且不得少于3处。

检验方法：用2m靠尺和楔形塞尺检查。

6.1.2 屋面保温层

保温层厚度的允许偏差和检验方法应符合表6-1的规定。

保温层的允许偏差和检验方法　　表6-1

项次	项目	允许偏差	检验方法
1	松散保温材料和整体现浇保温层	+10% -5%	用钢针插入和尺量检查
2	板状保温材料	±5% ≤4mm	

检查数量：按保温层面积每100m²抽查一处，

每处 10m², 且不得少于 3 处。

6.1.3 卷材防水层

卷材搭接宽度的允许偏差为 -10mm。

检查数量：按卷材防水层面积每 100m² 抽查一处，每处 10m², 且不少于 3 处。

检验方法：观察和尺量检查。

6.2 刚性防水屋面

6.2.1 细石混凝土防水层

细石混凝土防水层表面平整度的允许偏差为 ±5mm。

检查数量：按细石混凝土防水层面积每 100m² 抽查一处，每处 10m², 且不得少于 3 处。

检验方法：用 2m 靠尺和楔形塞尺检查。

6.2.2 密封材料嵌缝

密封防水接缝宽度的允许偏差为 ±10%，接缝深度为宽度的 0.5~0.7 倍。

检查数量：每 50m 应抽查一处，每处 5m，且不得少于 3 处。

检验方法：尺量检查。

7 建筑地面工程

7.1 基 层

基层是指面层下的构造层,包括基土、垫层、找平层、填充层、隔离层。

基层表面的允许偏差和检验方法应符合表7-1的规定。

检查数量:应随机检验不应少于3间;不足3间,应全数检查;其中走廊(过道)应以10延长米为1间,工业厂房(按单跨计)、礼堂、门厅应以两个轴线为1间计算。

7.1 基层

基层表面的允许偏差和检验方法

表 7-1 (mm)

项次	项目	基土 砂、砂石、碎石、碎砖	垫层 灰土、三合土、炉渣、水泥混凝土	木格栅	毛地板 拼花实木板、拼花实木复合地板面层	毛地板 其他种类面层	找平层 用沥青玛蹄脂做结合层铺设拼花木板、块料面层	找平层 用水泥浆做结合层铺设板块面层	找平层 用胶粘剂做结合层铺设拼花木板、强化复合地板、竹地板面层	填充层 松散材料	填充层 板块材料	防水、防潮、防油渗隔离层	检验方法
1	表面平整度	15	10	3	3	5	3	5	2	7	5	3	用2m靠尺和楔形塞尺检查
2	标高	15 0~-50	±20 ±10	±5	±5	±8	±5	±8	±4		±4		用水准仪检查
3	坡度	不大于房间相应尺寸的2/1000,且不大于30											用坡度尺检查
4	厚度	在个别地方不大于设计厚度的1/10											用钢尺检查

7.2 面 层

面层是指直接承受各种物理和化学作用的建筑地面表面层,包括整体面层,板块面层,木、竹面层等。

整体面层的允许偏差和检验方法应符合表7-2的规定。

整体面层的允许偏差和检验方法　　表7-2

项次	项目	允许偏差(mm)						检验方法
		水泥混凝土面层	水泥砂浆面层	普通水磨石面层	高级水磨石面层	水泥钢(铁)屑面层	防油渗混凝土和不发火(防爆的)面层	
1	表面平整度	5	4	3	2	4	5	用2m靠尺和楔形塞尺检查
2	踢脚线上口平直	4	4	3	3	4	4	拉5m线和用钢尺检查
3	缝格平直	3	3	3	2	3	3	

板块面层的允许偏差和检验方法应符合表7-3的

规定。

木、竹面层的允许偏差和检验方法应符合表7-4的规定。

板、块面层的允许偏差和检验方法 表7-3

项次	项目	允许偏差 (mm)									检验方法
		陶瓷锦砖面层、高级水磨石板、陶瓷地砖面层	缸砖面层	水泥花砖面层	水磨石板块面层	大理石面层和花岗石面层	塑料板面层	水泥混凝土块面层	拼碎大理石、碎拼花岗石面层	活动地板面层	条石面层	块石面层	
1	表面平整度	2.0	4.0	3.0	3.0	1.0	2.0	4.0	3.0	2.0	10.0	10.0	用2m靠尺和楔形塞尺检查
2	缝格平直	3.0	3.0	3.0	3.0	2.0	2.0	3.0	—	2.5	8.0	8.0	拉5m线和用钢尺检查
3	接缝高低差	0.5	1.5	0.5	1.0	0.5	0.5	1.5	—	0.4	2.0		用钢尺和楔形塞尺检查

续表

项次	项目	允许偏差 (mm)									检验方法
		陶瓷锦砖面层、高级水磨石板、陶瓷地砖面层	缸砖面层	水泥花砖面层	水磨石板块面层	大理石和花岗石面层	塑料板面层	水泥混凝土面层	碎拼大理石、拼花碎石面层	活动地板面层	条石面层	块石面层	
4	踢脚线上口平直	3.0	4.0	—	4.0	1.0	2.0	4.0	1.0	—	—	—	拉5m线和用钢尺检查
5	板块间隙宽度	2.0	2.0	2.0	2.0	1.0	—	6.0	—	0.3	5.0	—	用钢尺检查

木、竹面层的允许偏差和检验方法 表7-4

项次	项目	允许偏差 (mm)				检验方法
		实木地板面层			实木复合地板、中密度(强化)复合地板面层、竹地板面层	
		松木地板	硬木地板	拼花地板		
1	板面缝隙宽度	1.0	0.5	0.2	0.5	用钢尺检查

续表

项次	项目	允许偏差 (mm)				检验方法
		实木地板面层			实木复合地板、中密度（强化）复合地板面层、竹地板面层	
		松木地板	硬木地板	拼花地板		
2	表面平整度	3.0	2.0	2.0	2.0	用2m靠尺和楔形塞尺检查
3	踢脚线上口平齐	3.0	3.0	3.0	3.0	拉5m通线，不足5m拉通线和用钢尺检查
4	板面拼缝平直	3.0	3.0	3.0	3.0	
5	相邻板材高差	0.5	0.5	0.5	0.5	用钢尺和楔形塞尺检查
6	踢脚线与面层的接缝	1.0				楔形塞尺检查

检查数量：各类面层应按每一层次或每层施工段（或变形缝）作为检验批，高层建筑的标准层可按每3层（不足3层按3层计）作为检验批。每检验批按自然间（或标准间）检验，随机检验不应少于

3间;不足3间应全数检查;其中走廊(过道)应以10延长米为1间,工业厂房(按单跨计)、礼堂、门厅应以两个轴线为1间计算。

8 地下防水工程

8.1 地下建筑防水

8.1.1 防水混凝土

每盘混凝土各组成材料计量结果的偏差应符合表 8-1 的规定。

混凝土组成材料计量结果
的允许偏差（%） 表 8-1

混凝土组成材料	每盘计量	累计计量
水泥、掺合料	±2	±1
粗、细骨料	±3	±2
水、外加剂	±2	±1

注：累计计量仅适用于微机控制计量的搅拌站。

检查数量：每工作班检查不应少于两次。

检验方法：称量。

混凝土实测的坍落度与要求坍落度之间的偏差应符合表 8-2 的规定。

混凝土坍落度允许偏差　　表 8-2

要求坍落度 (mm)	允许偏差 (mm)
≤40	±10
50~90	±15
≥100	±20

检查数量：每工作班至少检查两次。

检验方法：做混凝土坍落度试验。

防水混凝土结构厚度不应小于 250mm，其允许偏差为 +15mm，-10mm；迎水面钢筋保护层厚度不应小于 50mm，其允许偏差为 ±10mm。

检查数量：按混凝土外露面积每 100m² 抽查 1 处，每处 10m²，且不得少于 3 处。

检验方法：尺量检查和检查隐蔽工程验收记录。

8.1.2 卷材防水层

卷材搭接宽度的允许偏差为 -10mm。

检查数量：按卷材铺贴面积每 100m² 抽查 1 处，每处 10m²，且不得少于 3 处。

检验方法：观察和尺量检查。

8.1.3 塑料板防水层

塑料板搭接宽度的允许偏差为 -10mm。

检查数量:按塑料板铺设面积每 $100m^2$ 抽查 1 处,每处 $10m^2$,但不少于 3 处。

检验方法:尺量检查。

8.1.4 细部构造

高分子材料止水带的尺寸极限偏差应符合表 8-3 的规定。

高分子材料止水带尺寸极限偏差 表 8-3

止水带公称尺寸		极 限 偏 差
厚度 B	4~6mm	+1,0
	7~10mm	+1.3,0
	11~20mm	+2,0
宽度 L,%		±3

检查数量:全数检查。

检验方法:观察和尺量检查。

8.2 特殊施工法防水工程

8.2.1 锚喷支护

喷射混凝土原材料称量允许偏差为:水泥和速凝剂 ±2%,砂石 ±3%。

检查数量:每工作班检查不应少于两次。

检验方法：称量。

喷射混凝土表面平整度的允许偏差为30mm。

检查数量：按区间或小于区间断面的结构，每20延长米检查1处，车站每10延长米检查1处，每处10m²，且不得少于3处。

检验方法：尺量检查。

8.2.2 地下连续墙

地下连续墙墙体表面平整度的允许偏差：临时支护墙体为50mm，单一或复合墙体为30mm。

检查数量：按地下连续墙每10个槽段抽查1处，每处为1个槽段，且不得少于3处。

检验方法：尺量检查。

8.2.3 盾构法隧道

钢筋混凝土单块管片制作尺寸允许偏差应符合表8-4的规定。

单块管片制作尺寸允许偏差　　表8-4

项　　目	允　许　偏　差　(mm)
宽度	±1.0
弧长、弦长	±1.0
厚度	+3，-1

检查数量：每生产两环应抽查一块，若检验管片中有 25% 超过允许偏差应逐块检查。

检验方法：尺量检查。

9 建筑装饰装修工程

9.1 抹灰工程

9.1.1 一般抹灰工程

一般抹灰工程是指石灰砂浆、水泥砂浆、水泥混合砂浆、聚合物水泥砂浆和麻刀石灰、纸筋石灰、石膏灰等抹灰工程。

一般抹灰工程质量的允许偏差和检验方法应符合表9-1的规定。

检查数量：室内每个检验批应至少抽查10%，并不得少于3间；不足3间全数检查。室外每个检验批每100m²应至少抽查一处，每处不得小于10m²。

9.1.2 装饰抹灰工程

装饰抹灰工程是指水刷石、斩假石、干粘石、假面砖等抹灰工程。

装饰抹灰工程质量的允许偏差和检验方法应符合表9-2的规定。

检查数量同一般抹灰工程。

一般抹灰的允许偏差和检验方法　　表 9-1

项次	项目	允许偏差 (mm) 普通抹灰	允许偏差 (mm) 高级抹灰	检验方法
1	立面垂直度	4	3	用 2m 垂直检测尺检查
2	表面平整度	4	3	用 2m 靠尺和塞尺检查
3	阴阳角方正	4	3	用直角检测尺检查
4	分格条（缝）直线度	4	3	拉 5m 线，不足 5m 拉通线，用钢直尺检查
5	墙裙、勒脚上口直线度	4	3	拉 5m 线，不足 5m 拉通线，用钢直尺检查

装饰抹灰的允许偏差和检验方法　　表 9-2

项次	项目	水刷石	斩假石	干粘石	假面砖	检验方法
1	立面垂直度	5	4	5	5	用 2m 垂直检测尺检查
2	表面平整度	3	3	5	4	用 2m 靠尺和塞尺检查
3	阳角方正	3	3	4	4	用直角检测尺检查

续表

项次	项目	允许偏差（mm）				检验方法
		水刷石	斩假石	干粘石	假面砖	
4	分格条（缝）直线度	3	3	3	3	拉5m线，不足5m拉通线，用钢直尺检查
5	墙裙、勒脚上口直线度	3	3	—	—	拉5m线，不足5m拉通线，用钢直尺检查

9.2 门窗工程

9.2.1 木门窗制作与安装工程

木门窗制作的允许偏差和检验方法应符合表9-3的规定。

木门窗安装的留缝限值、允许偏差和检验方法应符合表9-4的规定。

检查数量：每个检验批应至少抽查5%，并不得少于3樘，不足3樘时应全数检查；高层建筑的外窗，每个检验批应至少抽查10%，并不得少于6樘，不足6樘时应全数检查。

木门窗制作的允许偏差和检验方法　表 9-3

项次	项　目	构件名称	允许偏差 (mm) 普通	允许偏差 (mm) 高级	检验方法
1	翘曲	框	3	2	将框、扇平放在检查平台上,用塞尺检查
		扇	2	2	
2	对角线长度差	框、扇	3	2	用钢尺检查,框量裁口里角,扇量外角
3	表面平整度	扇	2	2	用 1m 靠尺和塞尺检查
4	高度、宽度	框	0；-2	0；-1	用钢尺检查,框量裁口里角,扇量外角
		扇	+2；0	+1；0	
5	裁口、线条结合处高低差	框、扇	1	0.5	用钢直尺和塞尺检查
6	相邻棂子两端间距	扇	2	1	用钢直尺检查

木门窗安装的留缝限值、允许偏差和检验方法　表 9-4

项次	项　目	留缝限值 (mm) 普通	留缝限值 (mm) 高级	允许偏差 (mm) 普通	允许偏差 (mm) 高级	检验方法
1	门窗槽口对角线长度差	—	—	3	2	用钢尺检查

续表

项次	项目	留缝限值(mm)		允许偏差(mm)		检验方法
		普通	高级	普通	高级	
2	门窗框的正、侧面垂直度	—	—	2	1	用1m垂直检测尺检查
3	框与扇、扇与扇接缝高低差	—	—	2	1	用钢直尺和塞尺检查
4	门窗扇对口缝	1~2.5	1.5~2	—	—	用塞尺检查
5	工业厂房双扇大门对口缝	2~5	—	—	—	用塞尺检查
6	门窗扇与上框间留缝	1~2	1~1.5	—	—	用塞尺检查
7	门窗扇与侧框间留缝	1~2.5	1~1.5	—	—	用塞尺检查
8	窗扇与下框间留缝	2~3	2~2.5	—	—	用塞尺检查
9	门扇与下框间留缝	3~5	3~4	—	—	用塞尺检查
10	双层门窗内外框间距	—	—	4	3	用钢尺检查
11	无下框时门扇与地面间留缝 外门	4~7	5~6	—	—	用塞尺检查
	内门	5~8	6~7	—	—	
	卫生间门	8~12	8~10	—	—	
	厂房大门	10~20	—	—	—	

9.2.2 金属门窗安装工程

金属门窗包括钢门窗、铝合金门窗、涂色镀锌钢板门窗等。

钢门窗安装的留缝限值、允许偏差和检验方法应符合表9-5的规定。

钢门窗安装的留缝限值、允许偏差和检验方法　　表9-5

项次	项目		留缝限值(mm)	允许偏差(mm)	检验方法
1	门窗槽口宽度、高度	≤1500mm	—	2.5	用钢尺检查
		>1500mm	—	3.5	
2	门窗槽口对角线长度差	≤2000mm	—	5	用钢尺检查
		>2000mm	—	6	
3	门窗框的正、侧面垂直度		—	3	用1m垂直检测尺检查
4	门窗横框的水平度		—	3	用1m水平尺和塞尺检查
5	门窗横框标高		—	5	用钢尺检查
6	门窗竖向偏离中心		—	4	用钢尺检查
7	双层门窗内外框间距		—	5	用钢尺检查
8	门窗框、扇配合间隙		≤2	—	用塞尺检查
9	无下框时门扇与地面间留缝		4~8	—	用塞尺检查

铝合金门窗安装的允许偏差和检验方法应符合表 9-6 的规定。

铝合金门窗安装的允许偏差和检验方法　　表 9-6

项次	项　目		允许偏差(mm)	检验方法
1	门窗槽口宽度、高度	≤1500mm	1.5	用钢尺检查
		>1500mm	2	
2	门窗槽口对角线长度差	≤2000mm	3	用钢尺检查
		>2000mm	4	
3	门窗框的正、侧面垂直度		2.5	用垂直检测尺检查
4	门窗横框的水平度		2	用 1m 水平尺和塞尺检查
5	门窗横框标高		5	用钢尺检查
6	门窗竖向偏离中心		5	用钢尺检查
7	双层门窗内外框间距		4	用钢尺检查
8	推拉门窗扇与框搭接量		1.5	用钢直尺检查

涂色镀锌钢板门窗安装的允许偏差和检验方法应符合表 9-7 的规定。

检查数量同木门窗制作与安装工程。

涂色镀锌钢板门窗安装的允许偏差和检验方法 表9-7

项次	项目		允许偏差(mm)	检验方法
1	门窗槽口宽度、高度	≤1500mm	2	用钢尺检查
		>1500mm	3	
2	门窗槽口对角线长度差	≤2000mm	4	用钢尺检查
		>2000mm	5	
3	门窗框的正、侧面垂直度		3	用垂直检测尺检查
4	门窗横框的水平度		3	用1m水平尺和塞尺检查
5	门窗横框标高		5	用钢尺检查
6	门窗竖向偏离中心		5	用钢尺检查
7	双层门窗内外框间距		4	用钢尺检查
8	推拉门窗扇与框搭接量		2	用钢直尺检查

9.2.3 塑料门窗安装工程

塑料门窗安装的允许偏差和检验方法应符合表9-8的规定。

检查数量同木门窗制作与安装工程。

塑料门窗安装的允许偏差和检验方法 表 9-8

项次	项	目	允许偏差（mm）	检验方法
1	门窗槽口宽度、高度	≤1500mm	2	用钢尺检查
		>1500mm	3	
2	门窗槽口对角线长度差	≤2000mm	3	用钢尺检查
		>2000mm	5	
3	门窗框的正、侧面垂直度		3	用1m垂直检测尺检查
4	门窗横框的水平度		3	用1m水平尺和塞尺检查
5	门窗横框标高		5	用钢尺检查
6	门窗竖向偏离中心		5	用钢直尺检查
7	双层门窗内外框间距		4	用钢尺检查
8	同樘平开门窗相邻扇高度差		2	用钢直尺检查
9	平开门窗铰链部位配合间隙		+2；-1	用塞尺检查
10	推拉门窗扇与框搭接量		+1.5；-2.5	用钢直尺检查
11	推拉门窗扇与竖框平行度		2	用1m水平尺和塞尺检查

9.2.4 特种门安装工程

特种门包括防火门、防盗门、自动门、全玻门、旋转门、金属卷帘门等。

推拉自动门安装的留缝限值、允许偏差和检验方法应符合表9-9的规定。

推拉自动门安装的留缝限值、允许偏差和检验方法　　　　表9-9

项次	项目		留缝限值(mm)	允许偏差(mm)	检验方法
1	门槽口宽度、高度	≤1500mm	—	1.5	用钢尺检查
		>1500mm	—	2	
2	门槽口对角线长度差	≤2000mm	—	2	用钢尺检查
		>2000mm	—	2.5	
3	门框的正、侧面垂直度		—	1	用1m垂直检测尺检查
4	门构件装配间隙		—	0.3	用塞尺检查
5	门梁导轨水平度		—	1	用1m水平尺和塞尺检查
6	下导轨与门梁导轨平行度		—	1.5	用钢尺检查
7	门扇与侧框间留缝		1.2~1.8		用塞尺检查
8	门扇对口缝		1.2~1.8		用塞尺检查

旋转门安装的允许偏差和检验方法应符合表9-10的规定。

旋转门安装的允许偏差和检验方法　表 9-10

项次	项 目	允许偏差 (mm) 金属框架玻璃旋转门	允许偏差 (mm) 木质旋转门	检验方法
1	门扇正、侧面垂直度	1.5	1.5	用 1m 垂直检测尺检查
2	门扇对角线长度差	1.5	1.5	用钢尺检查
3	相邻扇高度差	1	1	用钢尺检查
4	扇与圆弧边留缝	1.5	2	用塞尺检查
5	扇与上顶间留缝	2	2.5	用塞尺检查
6	扇与地面间留缝	2	2.5	用塞尺检查

检查数量：每个检验批应至少抽查 50%，并不得少于 10 樘，不足 10 樘时应全数检查。

9.3　吊顶工程

9.3.1　暗龙骨吊顶工程

暗龙骨吊顶工程是指以轻钢龙骨、铝合金龙骨、木龙骨等为骨架，以石膏板、金属板、矿棉板、木板、塑料板或格栅等为饰面材料的吊顶工程,其龙骨被饰面材料所遮盖。

暗龙骨吊顶工程安装的允许偏差和检验方法应符合表 9-11 的规定。

暗龙骨吊顶工程安装的允许偏差和检验方法　　　表 9-11

项次	项　目	允许偏差 (mm)				检验方法
		纸面石膏板	金属板	矿棉板	木板、塑料板、格栅	
1	表面平整度	3	2	2	2	用2m靠尺和塞尺检查
2	接缝直线度	3	1.5	3	3	拉5m线,不足5m拉通线,用钢直尺检查
3	接缝高低差	1	1	1.5	1	用钢直尺和塞尺检查

检查数量:每个检验批应至少抽查 10%,并不得少于 3 间;不足 3 间时应全数检查。

9.3.2 明龙骨吊顶工程

明龙骨吊顶工程是指以轻钢龙骨、铝合金龙骨、木龙骨等为骨架,以石膏板、金属板、矿棉板、塑料板、玻璃板或格栅等为饰面材料的吊顶工程,部分龙骨外露。

明龙骨吊顶工程安装的允许偏差和检验方法应符合表 9-12 的规定。

明龙骨吊顶工程安装的允许偏差和检验方法　　表 9-12

项次	项目	允许偏差 (mm)				检验方法
		石膏板	金属板	矿棉板	塑料板、玻璃板	
1	表面平整度	3	2	3	2	用2m靠尺和塞尺检查
2	接缝直线度	3	2	3	3	拉5m线,不足5m拉通线,用钢直尺检查
3	接缝高低差	1	1	2	1	用钢直尺和塞尺检查

检查数量：每个检验批应至少抽查 10%，并不得少于 3 间；不足 3 间时应全数检查。

9.4 轻质隔墙工程

9.4.1 板材隔墙工程

板材隔墙工程是指复合轻质墙板、石膏空心板、预制或现制的钢丝网水泥板等隔墙工程。

板材隔墙安装的允许偏差和检验方法应符合表9-13的规定。

板材隔墙安装的允许偏差和检验方法　　　表 9-13

项次	项目	允许偏差 (mm)				检验方法
		复合轻质隔板		石膏空心板	钢丝网水泥板	
		金属夹芯板	其他复合板			
1	立面垂直度	2	3	3	3	用2m垂直检测尺检查
2	表面平整度	2	3	3	3	用2m靠尺和塞尺检查
3	阴阳角方正	3	3	3	4	用直角检测尺检查
4	接缝高低差	1	2	2	3	用钢直尺和塞尺检查

检查数量：每个检验批应至少抽查10%，并不得少于3间；不足3间时应全数检查。

9.4.2 骨架隔墙工程

骨架隔墙工程是指以轻钢龙骨、木龙骨等为骨架，以纸面石膏板、人造木板、水泥纤维板等为面板的隔墙工程。

骨架隔墙安装的允许偏差和检验方法应符合表9-14的规定。检查数量同板材隔断工程。

骨架隔墙安装的允许偏差和检验方法　　　表9-14

项次	项目	允许偏差（mm）		检验方法
		纸面石膏板	人造木板、水泥纤维板	
1	立面垂直度	3	4	用2m垂直检测尺检查
2	表面平整度	3	3	用2m靠尺和塞尺检查
3	阴阳角方正	3	3	用直角检测尺检查
4	接缝直线度	—	3	拉5m线，不足5m拉通线，用钢直尺检查
5	压条直线度	—	3	拉5m线，不足5m拉通线，用钢直尺检查
6	接缝高低差	1	1	用钢直尺和塞尺检查

9.4.3　活动隔墙工程

活动隔墙安装的允许偏差和检验方法应符合表9-15的规定。

检查数量：每个检验批应至少抽查20%，并不得少于6间；不足6间时应全数检查。

活动隔墙安装的允许偏差和检验方法 表9-15

项次	项 目	允许偏差(mm)	检 验 方 法
1	立面垂直度	3	用2m垂直检测尺检查
2	表面平整度	2	用2m靠尺和塞尺检查
3	接缝直线度	3	拉5m线，不足5m拉通线，用钢直尺检查
4	接缝高低差	2	用钢直尺和塞尺检查
5	接缝宽度	2	用钢直尺检查

9.4.4 玻璃隔墙工程

玻璃隔墙安装的允许偏差和检验方法应符合表9-16的规定。检查数量同活动隔墙工程。

玻璃隔墙安装的允许偏差和检验方法 表9-16

项次	项 目	允许偏差（mm）		检 验 方 法
		玻璃砖	玻璃板	
1	立面垂直度	3	2	用2m垂直检测尺检查
2	表面平整度	3	—	用2m靠尺和塞尺检查
3	阴阳角方正	—	2	用直角检测尺检查
4	接缝直线度	—	2	拉5m线，不足5m拉通线，用钢直尺检查

续表

项次	项目	允许偏差 (mm)		检验方法
		玻璃砖	玻璃板	
5	接缝高低差	3	2	用钢直尺和塞尺检查
6	接缝宽度	—	1	用钢直尺检查

9.5 饰面板（砖）工程

9.5.1 饰面板安装工程

饰面板安装的允许偏差和检验方法应符合表9-17的规定。

饰面板安装的允许偏差和检验方法 表 9-17

项次	项目	允许偏差 (mm)							检验方法
		石材			瓷板	木材	塑料	金属	
		光面	剁斧石	蘑菇石					
1	立面垂直度	2	3	3	2	1.5	2	2	用2m垂直检测尺检查
2	表面平整度	2	3	—	1.5	1	3	3	用2m靠尺和塞尺检查
3	阴阳角方正	2	4	4	2	1.5	3	3	用直角检测尺检查

续表

项次	项目	允许偏差 (mm)			瓷板	木材	塑料	金属	检验方法
		石材							
		光面	剁斧石	蘑菇石					
4	接缝直线度	2	4	4	2	1	1	1	拉5m线，不足5m拉通线，用钢直尺检查
5	墙裙、勒脚上口直线度	2	3	3	2	2	2	2	拉5m线，不足5m拉通线，用钢直尺检查
6	接缝高低差	0.5	3	—	0.5	0.5	1	1	用钢直尺和塞尺检查
7	接缝宽度	1	2	2	1	1	1	1	用钢直尺检查

检查数量：室内每个检验批应至少检查10%，并不得少于3间；不足3间时应全数检查。室外每个检验批每100m² 应至少抽查一处，每处不得小于10m²。

9.5.2 饰面砖粘贴工程

饰面砖粘贴的允许偏差和检验方法应符合表9-18的规定。检查数量同饰面板安装工程。

饰面砖粘贴的允许偏差和检验方法 表 9-18

项次	项 目	允许偏差（mm） 外墙面砖	允许偏差（mm） 内墙面砖	检 验 方 法
1	立面垂直度	3	2	用 2m 垂直检测尺检查
2	表面平整度	4	3	用 2m 靠尺和塞尺检查
3	阴阳角方正	3	3	用直角检测尺检查
4	接缝直线度	3	2	拉 5m 线，不足 5m 拉通线，用钢直尺检查
5	接缝高低差	1	0.5	用钢直尺和塞尺检查
6	接缝宽度	1	1	用钢直尺检查

9.6 幕墙工程

9.6.1 玻璃幕墙工程

玻璃幕墙包括隐框玻璃幕墙、半隐框玻璃幕墙、明框玻璃幕墙、全玻幕墙及点支承玻璃幕墙等。

隐框、半隐框玻璃幕墙安装的允许偏差和检验方法应符合表 9-19 的规定。

隐框、半隐框玻璃幕墙安装的允许偏差和检验方法

表 9-19

项次	项目		允许偏差 (mm)	检验方法
1	幕墙垂直度	幕墙高度≤30m	10	用经纬仪检查
		30m<幕墙高度≤60m	15	
		60m<幕墙高度≤90m	20	
		幕墙高度>90m	25	
2	幕墙水平度	层高≤3m	3	用水平仪检查
		层高>3m	5	
3	幕墙表面平整度		2	用2m靠尺和塞尺检查
4	板材立面垂直度		2	用垂直检测尺检查
5	板材上沿水平度		2	用1m水平尺和钢直尺检查
6	相邻板材板角错位		1	用钢直尺检查
7	阳角方正		2	用直角检测尺检查
8	接缝直线度		3	拉5m线，不足5m拉通线，用钢直尺检查
9	接缝高低差		1	用钢直尺和塞尺检查
10	接缝宽度		1	用钢直尺检查

检查数量:每个检验批每100m²应至少抽查一处,每处不得小于10m²。对于异型或有特殊要求的幕墙工程,应根据幕墙的结构和工艺特点,由监理单位(或建设单位)和施工单位协商确定。

明框玻璃幕墙安装的允许偏差和检验方法应符合表9-20的规定。

检查数量同隐框、半隐框玻璃幕墙。

明框玻璃幕墙安装的允许偏差和检验方法 表9-20

项次	项目		允许偏差(mm)	检验方法
1	幕墙垂直度	幕墙高度≤30m	10	用经纬仪检查
		30m<幕墙高度≤60m	15	
		60m<幕墙高度≤90m	20	
		幕墙高度>90m	25	
2	幕墙水平度	幕墙幅宽≤35m	5	用水平仪检查
		幕墙幅宽>35m	7	
3	构件直线度		2	用2m靠尺和塞尺检查
4	构件水平度	构件长度≤2m	2	用水平仪检查
		构件长度>2m	3	

续表

项次	项目		允许偏差(mm)	检验方法
5	相邻构件错位		1	用钢直尺检查
6	分格框对角线长度差	对角线长度≤2m	3	用钢尺检查
		对角线长度>2m	4	

9.6.2 金属幕墙工程

金属幕墙安装的允许偏差和检验方法应符合表9-21的规定。

检查数量同玻璃幕墙工程。

金属幕墙安装的允许偏差和检验方法 表9-21

项次	项目		允许偏差(mm)	检验方法
1	幕墙垂直度	幕墙高度≤30m	10	用经纬仪检查
		30m<幕墙高度≤60m	15	
		60m<幕墙高度≤90m	20	
		幕墙高度>90m	25	
2	幕墙水平度	层高≤3m	3	用水平仪检查
		层高>3m	5	

续表

项次	项目	允许偏差(mm)	检验方法
3	幕墙表面平整度	2	用2m靠尺和塞尺检查
4	板材立面垂直度	3	用垂直测尺检查
5	板材上沿水平度	2	用1m水平尺和钢直尺检查
6	相邻板材板角错位	1	用钢直尺检查
7	阳角方正	2	用直角检测尺检查
8	接缝直线度	3	拉5m线，不足5m拉通线，用钢直尺检查
9	接缝高低差	1	用钢直尺和塞尺检查
10	接缝宽度	1	用钢直尺检查

9.6.3 石材幕墙工程

石材幕墙安装的允许偏差和检验方法应符合表9-22的规定。

检查数量同玻璃幕墙工程。

9.6 幕墙工程

石材幕墙安装的允许偏差和检验方法　表 9-22

项次	项目		允许偏差 (mm)		检验方法
			光面	麻面	
1	幕墙垂直度	幕墙高度≤30m	10		用经纬仪检查
		30m＜幕墙高度≤60m	15		
		60m＜幕墙高度≤90m	20		
		幕墙高度＞90m	25		
2	幕墙水平度		3		用水平仪检查
3	板材立面垂直度		3		用水平仪检查
4	板材上沿水平度		2		用 1m 水平尺和钢直尺检查
5	相邻板材板角错位		1		用钢直尺检查
6	幕墙表面平整度		2	3	用垂直测尺检查
7	阳角方正		2	4	用直角检测尺检查
8	接缝直线度		3	4	拉 5m 线，不足 5m 拉通线，用钢直尺检查
9	接缝高低差		1	—	用钢直尺和塞尺检查
10	接缝宽度		1	2	用钢直尺检查

9.7 涂饰工程

装饰线、分色线直线度允许偏差：普通涂饰为 2mm；高级涂饰为 1mm。

检查数量：室外涂饰工程每 100m² 应至少检查一处，每处不得小于 10m。室内涂饰工程每个检验批至少抽查 10%，并不得少于 3 间；不足 3 间全数检查。

检验方法：拉 5m 线，不足 5m 拉通线，用钢直尺检查。

9.8 裱糊与软包工程

软包工程安装的允许偏差和检验方法应符合表 9-23 的规定。

检查数量：每个检验批至少抽查 20%，并不得少于 6 间；不足 6 间时应全数检查。

软包工程安装的允许偏差和检验方法　表 9-23

项次	项　　目	允许偏差(mm)	检 验 方 法
1	垂直度	3	用1m垂直检测尺检查
2	边框宽度、高度	0；-2	用钢尺检查
3	对角线长度差	3	用钢尺检查
4	裁口、线条接缝高低差	1	用钢直尺和塞尺检查

9.9　细部工程

9.9.1　橱柜制作与安装工程

橱柜安装的允许偏差和检验方法应符合表 9-24 的规定。

橱柜安装的允许偏差和检验方法　表 9-24

项次	项　　目	允许偏差(mm)	检 验 方 法
1	外型尺寸	3	用钢尺检查
2	立面垂直度	2	用1m垂直检测尺检查
3	门与框架的平行度	2	用钢尺检查

检查数量:每个检验批至少抽查 3 处,不足 3 处时应全数检查。

9.9.2 窗帘盒、窗台板和散热器罩制作与安装工程

窗帘盒、窗台板和散热器罩安装的允许偏差和检验方法应符合表 9-25 的规定。检查数量同橱柜制作与安装工程。

窗帘盒、窗台板和散热器罩安装的
允许偏差和检验方法　　　表 9-25

项次	项　目	允许偏差（mm）	检验方法
1	水平度	2	用 1m 水平尺和塞尺检查
2	上口、下口直线度	3	拉 5m 线,不足 5m 拉通线,用钢直尺检查
3	两端距窗洞口长度差	2	用钢直尺检查
4	两端出墙厚度差	3	用钢直尺检查

9.9.3 门窗套制作与安装工程

门窗套安装的允许偏差和检验方法应符合表 9-26 的规定。

检查数量:每个检验批应至少抽查 3 间(处),不足 3 间(处)时应全数检查。

门窗套安装的允许偏差和检验方法 表9-26

项次	项目	允许偏差(mm)	检验方法
1	正、侧面垂直度	3	用1m垂直检测尺检查
2	门窗套上口水平度	1	用1m水平检测尺和塞尺检查
3	门窗套上口直线度	3	拉5m线,不足5m拉通线,用钢直尺检查

9.9.4 护栏和扶手制作与安装工程

护栏和扶手安装的允许偏差和检验方法应符合表9-27的规定。

护栏和扶手安装的允许偏差和检验方法　　表9-27

项次	项目	允许偏差(mm)	检验方法
1	护栏垂直度	3	用1m垂直检测尺检查
2	栏杆间距	3	用钢尺检查
3	扶手直线度	4	拉通线,用钢直尺检查
4	扶手高度	3	用钢尺检查

检查数量：每个检验批的护栏和扶手应全部检查。

9.9.5 花饰制作与安装工程

花饰安装的允许偏差和检验方法应符合表 9-28 的规定。

花饰安装的允许偏差和检验方法　表 9-28

项次	项目		允许偏差（mm）		检验方法
			室内	室外	
1	条型花饰的水平度或垂直度	每米	1	2	拉线，用 1m 垂直检测尺检查
		全长	3	6	
2	单独花饰中心位置偏移		10	15	拉线，用钢直尺检查

检查数量：室外每个检验批应全部检查。室内每个检验批应至少抽查 3 间（处）；不足 3 间（处）时应全数检查。

10 脚手架工程

10.1 扣件式钢管脚手架

10.1.1 构配件

构配件的允许偏差和检验方法应符合表 10-1 的规定。

构配件的允许偏差和检验方法　　表 10-1

项次	项　　目	允许偏差 Δ (mm)	示　意　图	检验方法
1	焊接钢管尺寸 (mm) 外径　48 壁厚　3.5 外径　51 壁厚　3.0	-0.5 -0.5 -0.5 -0.45		用游标卡尺检查
2	钢管两端面切斜偏差	1.70		用塞尺、拐角尺检查

续表

项次	项目	允许偏差Δ(mm)	示意图	检验方法
3	钢管外表面锈蚀深度	≤0.50		用游标卡尺检查
4	钢管弯曲 a. 各种杆件钢管的端部弯曲 $l \leq 1.5m$	≤5		用钢板尺检查
	b. 立杆钢管弯曲 $3m < l \leq 4m$ $4m < l \leq 6.5m$	≤12 ≤20		
	c. 水平杆、斜杆的钢管弯曲 $l \leq 6.5$	≤30		
5	冲压钢脚手板 a. 板面挠曲 $l \leq 4m$ $l > 4m$	≤12 ≤16		用钢板尺检查
	b. 板面扭曲 (任一角翘起)	≤5		

10.1.2 脚手架搭设

脚手架搭设的技术要求、允许偏差与检验方法,应符合表 10-2 的规定。

脚手架搭设的技术要求、允许偏差和检验方法　　表 10-2

项次	项目		技术要求	允许偏差 Δ (mm)	示意图	检验方法
1	地基基础	表面	坚实平整	—		观察检查
		排水	不积水	—		
		垫板	不晃动	—		
		底座	不滑动	—		
			不沉降	−10		
2	立杆垂直度	最后验收垂直度 20~80m	—	±100	(示意图: H_{max}, Δ)	用经纬仪或吊线和卷尺检查
		下列脚手架允许水平偏差 (mm)				
		搭设中检查偏差的高度 (m)	总　高　度			
			50m	40m	20m	

续表

项次	项目		技术要求	允许偏差 Δ (mm)	示意图			检验方法
2	立杆垂直度		$H=2$ $H=10$ $H=20$ $H=30$ $H=40$ $H=50$	±7 ±20 ±40 ±60 ±80 ±100	±7 ±25 ±50 ±75 ±100		±7 ±50 ±100	用经纬仪或吊线和卷尺检查
				中间档次用插入法。				
3	间距	步距 纵距 横距	—	±20 ±50 ±20				用钢板尺检查
4	纵向水平杆高差	一根杆的两端	—	±20				用水平仪或水尺检查
		同跨内两根纵向水平杆高差	—	±10				
5	双排脚手架横向水平杆外伸长度偏差		外伸 500mm	−50	—			钢板尺

10.1 扣件式钢管脚手架 173

续表

项次	项　目	技术要求	允许偏差 Δ (mm)	示　意　图	检验方法
6 扣件安装	主节点处各扣件中心点相互距离	$a \leqslant$ 150mm	—		用钢板尺检查
	同步立杆上两个相隔对接扣件的高差	$a \geqslant$ 500mm	—		用钢卷尺检查
	立杆上的对接扣件至主节点的距离	$a \leqslant$ $h/3$	—		
	纵向水平杆上的对接扣件至主节点的距离	$a \leqslant$ $l/3$	—		用钢卷尺检查
	扣件螺栓拧紧扭力矩	40～65 N·m	—	—	用扭力扳手测定

续表

项次	项目		技术要求	允许偏差 Δ (mm)	示意图	检验方法
7	剪刀撑斜杆与地面的倾斜角		45°~60°	—	—	用角尺
8	脚手板外伸长度	对接	$a=$ 130~150mm $l \leqslant$ 300mm	—	$l \leqslant 300$	用卷尺检查
		搭接	$a \geqslant$ 100mm $l \geqslant$ 200mm	—	$l \geqslant 200$	用卷尺检查

注：图中1—立杆；2—纵向水平杆；3—横向水平杆；4—剪刀撑。

扣件螺栓拧紧扭力矩检查：

安装后的扣件螺栓拧紧扭力矩应采用扭力扳手检查，抽样方法应按随机分布原则进行。抽样检查数目与质量判定标准，应按表10-3的规定确定。不合格的必须重新拧紧，直至合格为止。

扣件拧紧抽样检查数目及质量判定标准 表10-3

项次	检查项目	安装扣件数量（个）	抽检数量（个）	允许的不合格数
1	连接立杆与纵（横）向水平杆或剪刀撑的扣件；接长立杆、纵向水平杆或剪刀撑的扣件	51～90 91～150 151～280 281～500 501～1200 1201～3200	5 8 13 20 32 50	0 1 1 2 3 5
2	连接横向水平杆与纵向水平杆的扣件（非主节点处）	51～90 91～150 151～280 281～500 501～1200 1201～3200	5 8 13 20 32 50	1 2 3 5 7 10

10.2 门式钢管脚手架

门式钢管脚手架搭设的垂直度与水平度允许偏差应符合表10-4的规定。

检验方法：垂直度用经纬仪或吊线和卷尺；水平度用水准仪或水平尺检查。

脚手架搭设垂直度与水平度允许偏差

表 10-4

<table>
<tr><th colspan="2">项　　目</th><th>允许偏差（mm）</th></tr>
<tr><td rowspan="2">垂直度</td><td>每步架</td><td>$h/1000$ 及 ± 2.0</td></tr>
<tr><td>脚手架整体</td><td>$H/600$ 及 ± 50</td></tr>
<tr><td rowspan="2">水平度</td><td>一跨距内水平架两端高差</td><td>$\pm l/600$ 及 ± 3.0</td></tr>
<tr><td>脚手架整体</td><td>$\pm L/600$ 及 ± 50</td></tr>
</table>

注：h—步距；H—脚手架高度；l—跨距；L—脚手架长度。

11 建筑给水排水及采暖工程

11.1 室内给水系统安装

室内给水系统安装是指工作压力不大于 1.0MPa 的室内给水和消火栓系统管道安装。

11.1.1 给水管道及配件安装

给水管道和阀门安装的允许偏差和检验方法应符合表 11-1 的规定。

室内给水管道和阀门安装的允许偏差和检验方法 表 11-1

项次	项	目		允许偏差 (mm)	检验方法
1	水平管道纵横方向弯曲	钢管	每米/全长 25m 以上	1/≤25	用水平尺、直尺、拉线和尺量检查
		塑料管复合管	每米/全长 25m 以上	1.5/≤25	
		铸铁管	每米/全长 25m 以上	2/≤25	
2	立管垂直度	钢管	每米/5m 以上	3/≤8	吊线和尺量检查
		塑料管复合管	每米/5m 以上	2/≤8	
		铸铁管	每米/5m 以上	3/≤10	
3	成排管段和成排阀门	在同一平面上间距		3	尺量检查

螺翼式水表外壳距墙表面净距为 10~30mm；水表进水口中心标高按设计要求，允许偏差为 ±10mm。检验方法：观察和尺量检查。

11.1.2 室内消火栓系统安装

箱式消火栓的栓口中心距地面为 1.1m，允许偏差为 ±20mm；阀门中心距箱侧面为 140mm，距箱后内表面为 100mm，允许偏差为 ±5mm。消火栓箱体安装的垂直度允许偏差为 3mm。检验方法：观察和尺量检查。

11.1.3 给水设备安装

室内给水设备安装的允许偏差和检验方法应符合表 11-2 的规定。

室内给水设备安装的允许偏差和检验方法　表 11-2

项次	项　　目		允许偏差 (mm)	检验方法
1	静置设备	坐标	15	经纬仪或拉线、尺量
		标高	±5	用水准仪、拉线和尺量检查
		垂直度（每米）	5	吊线和尺量检查
2	离心式水泵	立式泵体垂直度（每米）	0.1	水平尺和塞尺检查
		卧式泵体水平度（每米）	0.1	水平尺和塞尺检查
		联轴器同心度 轴向倾斜（每米）	0.8	在联轴器互相垂直的四个位置上用水准仪、百分表或测微螺钉和塞尺检查
		联轴器同心度 径向位移	0.1	

管道及设备保温层的厚度和平整度的允许偏差和检验方法应符合表 11-3 的规定。

室内给水管道及设备保温的允许偏差和检验方法 表 11-3

项次	项 目		允许偏差(mm)	检验方法
1	厚 度		$+0.1\delta$ -0.05δ	用钢针刺入
2	表面平整度	卷 材	5	用 2m 靠尺和楔形塞尺检查
		涂 抹	10	

注：δ 为保温层厚度。

11.2 室内排水系统安装

室内排水系统安装是指室内排水管道、雨水管道安装。

11.2.1 排水管道及配件安装

室内排水管道安装的允许偏差和检验方法应符合表 11-4 的规定。

11.2.2 雨水管道及配件安装

雨水管道安装的允许偏差和检验方法应符合表 11-4 的规定（同室内排水管道安装）。

室内排水和雨水管道安装的允许偏差和检验方法　　　　　表 11-4

项次	项　目				允许偏差 (mm)	检验方法
1	坐　标				15	
2	标　高				±15	
3	横管纵横方向弯曲	铸铁管		每1m	≤1	用水准仪（水平尺）、直尺、拉线和尺量检查
				全长（25m以上）	≤25	
		钢　管	每1m	管径小于或等于100mm	1	
				管径大于100mm	1.5	
			全长(25m以上)	管径小于或等于100mm	≤25	
				管径大于100mm	≤38	
		塑料管		每1m	1.5	
				全长（25m以上）	≤38	
		钢筋混凝土管、混凝土管		每1m	3	
				全长（25m以上）	≤75	
4	立管垂直度	铸铁管		每1m	3	吊线和尺量检查
				全长（5m以上）	≤15	
		钢　管		每1m	3	
				全长（5m以上）	≤10	
		塑料管		每1m	3	
				全长（5m以上）	≤15	

雨水钢管管道焊口允许偏差和检验方法应符合表 11-5 的规定。

雨水钢管管道焊口允许偏差和检验方法　　表 11-5

项次	项目		允许偏差	检验方法
1	焊口平直度	管壁厚 10mm 以内	管壁厚 1/4	焊接检验尺和游标卡尺检查
2	焊缝加强面	高度	+1mm	
		宽度		
3	咬边	深度	小于 0.5mm	直尺检查
		长度 连续长度	25mm	
		长度 总长度（两侧）	小于焊缝长度的 10%	

11.3 室内热水供应系统安装

室内热水供应系统安装是指工作压力不大于 1.0MPa，热水温度不超过 75℃ 的室内热水供应管道安装。

11.3.1 管道及配件安装

热水供应管道和阀门安装的允许偏差和检验方法应符合表 11-1 的规定（同给水管道和阀门安装）。

热水供应管道保温层的厚度和平整度的允许偏差和检验方法应符合表 11-3 的规定（同室内给水管道及设备保温层）。

11.3.2 辅助设备安装

热水供应辅助设备安装的允许偏差和检验方法应符合表 11-2 的规定（同室内给水设备安装的允许偏差和检验方法）。

板式直管太阳能热水器安装的允许偏差和检验方法应符合表 11-6 的规定。

太阳能热水器安装的允许偏差和检验方法 表 11-6

项次	项　　目	允许偏差	检验方法
1	标高：中心线距地面	±20mm	尺量
2	固定安装朝向最大偏移角	不大于 15°	分度仪检查

11.4 卫生器具安装

卫生器具安装是指室内污水盆、洗涤盆、洗脸（手）盆、盥洗槽、浴盆、淋浴器、大便器、小便器、小便槽、大便冲洗槽、妇女卫生盆、化验盆、排水栓、地漏、加热器、煮沸消毒器和饮水器等卫生器具安装。

11.4.1 卫生器具安装

卫生器具安装的允许偏差和检验方法应符合表11-7的规定。

卫生器具安装的允许偏差和检验方法 表11-7

项次	项目		允许偏差(mm)	检验方法
1	坐标	单独器具	10	拉线、吊线和尺量检查
		成排器具	5	
2	标高	单独器具	±15	
		成排器具	±10	
3	器具水平度		2	用水平尺和尺量检查
4	器具垂直度		3	吊线和尺量检查

11.4.2 卫生器具给水配件安装

卫生器具给水配件安装标高的允许偏差和检验方法应符合表11-8的规定。

11.4.3 卫生器具排水管道安装

卫生器具排水管道安装的允许偏差和检验方法应符合表11-9的规定。

卫生器具给水配件安装标高的允许偏差和检验方法　　表 11-8

项次	项目	允许偏差(mm)	检验方法
1	大便器高、低水箱角阀及截止阀	±10	尺量检查
2	水嘴	±10	
3	淋浴器喷头下沿	±15	
4	浴盆软管淋浴器挂钩	±20	

卫生器具排水管道安装的允许偏差及检验方法　　表 11-9

项次	项目		允许偏差(mm)	检验方法
1	横管弯曲度	每 1m 长	2	用水平尺量检查
		横管长度≤10m,全长	<8	
		横管长度>10m,全长	10	
2	卫生器具的排水管口及横支管的纵横坐标	单独器具	10	用尺量检查
		成排器具	5	
3	卫生器具的接口标高	单独器具	±10	用水平和尺量检查
		成排器具	±5	

11.5　室内采暖系统安装

室内采暖系统安装是指饱和蒸汽压力不大于

0.7MPa,热水温度不超过130℃的室内采暖系统安装。

11.5.1 管道及配件安装

管道和设备保温层的允许偏差和检验方法应符合表 11-3 的规定(同室内给水管道及设备保温层)。

采暖管道安装的允许偏差和检验方法应符合表 11-10 的规定。

采暖管道安装的允许偏差和检验方法　　表 11-10

项次	项	目		允许偏差	检验方法
1	横管道纵、横方向弯曲 (mm)	每 1m	管径≤100mm	1	用水平尺、直尺、拉线和尺量检查
			管径>100mm	1.5	
		全长 (25m 以上)	管径≤100mm	≤13	
			管径>100mm	≤25	
2	立管垂直度 (mm)	每 1m		2	吊线和尺量检查
		全长 (5m 以上)		≤10	
3	弯管	椭圆率 $\dfrac{D_{max} - D_{min}}{D_{max}}$	管径≤100mm	10%	用外卡钳和尺量检查
			管径>100mm	8%	
		折皱不平度 (mm)	管径≤100mm	4	
			管径>100mm	5	

注:D_{max}、D_{min} 分别为管子最大外径及最小外径。

11.5.2 辅助设备及散热器安装

散热器组对后的平直度允许偏差和检验方法应符合表11-11的规定。

组对后的散热器平直度允许偏差　　表 11-11

项次	散热器类型	片 数	允许偏差(mm)	检验方法
1	长翼型	2～4	4	拉线和尺量
		5～7	6	
2	铸铁片式 钢制片式	3～15	4	
		16～25	6	

散热器安装的允许偏差和检验方法应符合表11-12的规定。

散热器安装允许偏差和检验方法　　表 11-12

项次	项　　　目	允许偏差(mm)	检验方法
1	散热器背面与墙内表面距离	3	尺　量
2	与窗中心线或设计定位尺寸	20	尺　量
3	散热器垂直度	3	吊线和尺量

11.6 室外给水管网安装

室外给水管网安装是指民用建筑群（住宅小区）及厂区的室外给水管网安装。

11.6.1 给水管道安装

室外给水管道安装的允许偏差和检验方法应符合表 11-13 的规定。

室外给水管道安装的允许偏差和检验方法　　表 11-13

项次	项	目		允许偏差（mm）	检验方法
1	坐标	铸铁管	埋地	100	拉线和尺量检查
			敷设在沟槽内	50	
		钢管、塑料管、复合管	埋地	100	
			敷设在沟槽内或架空	40	
2	标高	铸铁管	埋地	±50	拉线和尺量检查
			敷设在地沟内	±30	
		钢管、塑料管、复合管	埋地	±50	
			敷设在地沟内或架空	±30	
3	水平管纵横向弯曲	铸铁管	直段（25m 以上）起点~终点	40	拉线和尺量检查
		钢管、塑料管、复合管	直段（25m 以上）起点~终点	30	

铸铁管承插捻口连接的环型间隙及其允许偏差应符合表 11-14 的规定。

铸铁管承插捻口连接的环型间隙　表 11-14

管径（mm）	标准环型间隙（mm）	允许偏差（mm）
75～200	10	+3，-2
250～450	11	+4，-2
500	12	+4，-2

检验方法：尺量检查。

11.6.2　消防水泵接合器及室外消火栓安装

消防水泵接合器和室外消火栓的各项安装尺寸应符合设计要求，栓口安装高度允许偏差为±20mm。检验方法：尺量检查。

11.7　室外排水管网安装

室外排水管网安装是指民用建筑群（住宅小区）及厂区的室外排水管网安装。

11.7.1　排水管道安装

室外排水管道安装的允许偏差和检验方法应符合表 11-15 的规定。

室外排水管道安装的允许偏差和
检验方法　　　　表 11-15

项次	项目		允许偏差(mm)	检验方法
1	坐标	埋地	100	拉线尺量
		敷设在沟槽内	50	
2	标高	埋地	±20	用水平仪、拉线和尺量
		敷设在沟槽内	±20	
3	水平管道纵横向弯曲	每 5m 长	10	拉线尺量
		全长（两井间）	30	

11.7.2　排水管沟及井池

排水检查井、化粪池的底板及进、出水管的标高，必须符合设计要求，其允许偏差为 ±15mm。检验方法：用水准仪及尺量检查。

11.8　室外供热管网安装

室外供热管网安装是指厂区及民用建筑群（住宅小区）的饱和蒸汽压力不大于 0.7MPa，热水温度不超过 130℃ 的室外供热管网安装。

室外供热管道安装的允许偏差和检验方法应符

合表 11-16 的规定。

室外供热管道安装的允许偏差和检验方法 表 11-16

项次	项	目	允许偏差	检验方法
1	坐标 (mm)	敷设在沟槽内及架空	20	用水准仪（水平尺）、直尺、拉线
		埋地	50	
2	标高 (mm)	敷设在沟槽内及架空	±10	尺量检查
		埋地	±15	
3	水平管道纵、横方向弯曲 (mm)	每 1m 管径≤100mm	1	用水准仪（水平尺）、直尺、拉线和尺量检查
		每 1m 管径>100mm	1.5	
		全长 (25m 以上) 管径≤100mm	≤13	
		全长 (25m 以上) 管径>100mm	≤25	
4	弯管	椭圆率 $\dfrac{D_{max}-D_{min}}{D_{max}}$ 管径≤100mm	8%	用外卡钳和尺量检查
		椭圆率 管径>100mm	5%	
		折皱不平度 (mm) 管径≤100mm	4	
		折皱不平度 管径 125~200mm	5	
		折皱不平度 管径 250~400mm	7	

室外供热管道焊口的允许偏差和检验方法应符合表 11-5 的规定（同雨水钢管管道焊口）。

室外供热管道保温层的厚度和平整度的允许偏

差和检验方法应符合表 11-3 的规定（同室内给水管道及设备保温层）。

11.9 供热锅炉及辅助设备安装

供热锅炉及辅助设备安装是指建筑供热和生活热水供应的额定工作压力不大于 1.25MPa、热水温度不超过 130℃ 的整装蒸汽和热水锅炉及辅助设备安装。

11.9.1 锅炉安装

锅炉及辅助设备基础的允许偏差和检验方法应符合表 11-17 的规定。

锅炉及辅助设备基础的允许偏差和检验方法　　表 11-17

项次	项　　目	允许偏差 (mm)	检验方法
1	基础坐标位置	20	经纬仪、拉线和尺量
2	基础各不同平面的标高	0，-20	水准仪、拉线和尺量
3	基础平面外形尺寸	20	尺量检查
4	凸台上平面尺寸	0，-20	
5	凹穴尺寸	+20，0	

续表

项次	项 目		允许偏差(mm)	检验方法
6	基础上平面水平度	每 米	5	水平仪（水平尺）和楔形塞尺检查
		全 长	10	
7	竖向偏差	每 米	5	经纬仪或吊线和尺量
		全 高	10	
8	预埋地脚螺栓	标高（顶端）	+20, 0	水准仪、拉线和尺量
		中心距（根部）	2	
9	预留地脚螺栓孔	中心位置	10	尺 量
		深 度	-20, 0	
		孔壁垂直度	10	吊线和尺量
10	预埋活动地脚螺栓锚板	中心位置	5	拉线和尺量
		标 高	+20, 0	
		水平度（带槽锚板）	5	水平尺和楔形塞尺检查
		水平度（带螺纹孔锚板）	2	

管道焊口尺寸的允许偏差和检验方法应符合表 11-5 的规定（同雨水钢管管道焊口）。

锅炉安装的允许偏差和检验方法应符合表 11-18 的规定。

组装链条炉排安装的允许偏差和检验方法应符合表 11-19 的规定。

锅炉安装的允许偏差和检验方法 表 11-18

项次	项目		允许偏差(mm)	检验方法
1	坐标		10	经纬仪、拉线和尺量
2	标高		±5	水准仪、拉线和尺量
3	中心线垂直度	卧式锅炉炉体全高	3	吊线和尺量
		立式锅炉炉体全高	4	吊线和尺量

组装链条炉排安装的允许偏差和检验方法 表 11-19

项次	项目		允许偏差(mm)	检验方法
1	炉排中心位置		2	经纬仪、拉线和尺量
2	墙板的标高		±5	水准仪、拉线和尺量
3	墙板的垂直度,全高		3	吊线和尺量
4	墙板间两对角线的长度之差		5	钢丝线和尺量
5	墙板框的纵向位置		5	经纬仪、拉线和尺量
6	墙板顶面的纵向水平度		长度 1/1000,且≤5	拉线、水平尺和尺量
7	墙板间的距离	跨距≤2m	+3 0	钢丝线和尺量
		跨距>2m	+5 0	

续表

项次	项目	允许偏差(mm)	检验方法
8	两墙板的顶面在同一水平面上相对高差	5	水准仪、吊线和尺量
9	前轴、后轴的水平度	长度1/1000	拉线、水平尺和尺量
10	前轴和后轴和轴心线相对标高差	5	水准仪、吊线和尺量
11	各轨道在同一水平面上的相对高差	5	水准仪、吊线和尺量
12	相邻两轨道间的距离	±2	钢丝线和尺量

往复炉排安装的允许偏差和检验方法应符合表11-20的规定。

往复炉排安装的允许偏差和检验方法 表11-20

项次	项目		允许偏差(mm)	检验方法
1	两侧板的相对标高		3	水准仪、吊线和尺量
2	两侧板间距离	跨距≤2m	+3 0	钢丝线和尺量
		跨距>2m	+4 0	
3	两侧板的垂直度,全高		3	吊线和尺量
4	两侧板间对角线的长度之差		5	钢丝线和尺量
5	炉排片的纵向间隙		1	钢板尺量
6	炉排两侧的间隙		2	

铸铁省煤器支承架安装的允许偏差和检验方法应符合表 11-21 的规定。

铸铁省煤器支承架安装的允许偏差和检验方法 表 11-21

项次	项 目	允许偏差(mm)	检验方法
1	支承架的位置	3	经纬仪、拉线和尺量
2	支承架的标高	$_{-5}^{0}$	水准仪、吊线和尺量
3	支承架的纵、横向水平度（每米）	1	水平尺和塞尺检查

11.9.2 辅助设备及管道安装

辅助设备基础的允许偏差和检验方法见表 11-17。

管道焊接质量应符合表 11-5 的规定（同钢管管道焊口）。

锅炉辅助设备安装的允许偏差和检验方法应符合表 11-22 的规定。

连接锅炉及辅助设备的工艺管道安装的允许偏差和检验方法应符合表 11-23 的规定。

锅炉辅助设备安装的允许偏差和检验方法　　表 11-22

项次	项目		允许偏差(mm)	检验方法
1	送、引风机	坐标	10	经纬仪、拉线和尺量
		标高	±5	水准仪、拉线和尺量
2	各种静置设备(各种容器、箱、罐等)	坐标	15	经纬仪、拉线和尺量
		标高	±5	水准仪、拉线和尺量
		垂直度 (lm)	2	吊线和尺量
3	离心式水泵	泵体水平度 (lm)	0.1	水平尺和塞尺检查
		联轴器同心度 轴向倾斜(lm)	0.8	水准仪、百分表（测微螺钉）和塞尺检查
		联轴器同心度 径向位移	0.1	

工艺管道安装的允许偏差和检验方法　　表 11-23

项次	项目		允许偏差(mm)	检验方法
1	坐标	架空	15	水准仪、拉线和尺量
		地沟	10	
2	标高	架空	±15	水准仪、拉线和尺量
		地沟	±10	
3	水平管道纵、横方向弯曲	$DN \leqslant 100mm$	2‰，最大 50	直尺和拉线检查
		$DN > 100mm$	3‰，最大 70	
4	立管垂直		2‰，最大 15	吊线和尺量
5	成排管道间距		3	直尺尺量
6	交叉管的外壁或绝热层间距		10	

单斗式提升机安装：导轨的间距偏差不大于2mm；垂直式导轨的垂直度偏差不大于1‰；倾斜式导轨的倾斜度偏差不大于2‰；料斗吊点与料斗垂心重合度偏差不大于10mm。检验方法：吊线坠、拉线及尺量检查。

管道及设备保温层的厚度和平整度的允许偏差和检验方法应符合表11-3的规定。

11.9.3 换热站安装

换热站内设备安装的允许偏差和检验方法应符合表11-22的规定（同锅炉辅助设备安装的允许偏差和检验方法）。

换热站内管道安装的允许偏差和检验方法应符合表11-23的规定（同工艺管道安装的允许偏差和检验方法）。

管道及设备保温层的厚度和平整度的允许偏差和检验方法应符合表11-3的规定（同室内给水管道及设备保温的允许偏差和检验方法）。

12 通风与空调工程

12.1 风管制作

12.1.1 金属风管

金属风管外径或外边长的允许偏差：当小于或等于300mm时为2mm；当大于300mm时为3mm。管口平面度的允许偏差为2mm，矩形风管两条对角线长度之差不应大于3mm；圆形法兰任意正交两直径之差不应大于2mm。

检查数量：通风与空调工程按制作数量10%抽查，不得少于5件；净化空调工程按制作数量抽查20%，不得少于5件。

检验方法：查验测试记录，进行装配试验，尺量、观察检查。

12.1.2 硬聚氯乙烯管

硬聚氯乙烯管外径或外边长的允许偏差为2mm。

检查数量：按风管总数抽查10%，法兰数抽查

5%,不得少于5件。

检验方法：尺量、观察检查。

12.1.3 玻璃钢风管

有机玻璃钢风管外径或外边长尺寸的允许偏差为3mm,圆形风管的任意正交两直径之差不应大于5mm;矩形风管的两对角线之差不应大于5mm。法兰与风管轴线成直角,管口平面度的允许偏差为3mm;螺孔的排列应均匀,至管壁的距离应一致,允许偏差为2mm。

检查数量：按风管总数抽查10%,法兰数抽查5%,不得少于5件。

检验方法：尺量、观察检查。

无机玻璃钢风管的外形尺寸的允许偏差应符合表12-1的规定。

检查数量：按风管总数抽查10%,法兰数抽查5%,不得少于5件。

检验方法：尺量、观察检查。

12.1.4 双面铝箔绝热板风管

板材与专用连接构件,连接后板面平面度的允许偏差为5mm;风管采用法兰连接时,法兰平面度的允许偏差为2mm。

检查数量：按风管总数抽查10%，法兰数抽查5%，不得少于5件。

检验方法：尺量，观察检查。

无机玻璃钢风管外形尺寸允许偏差 （mm）
表 12-1

直径或大边长	矩形风管外表平面度	矩形风管管口对角线之差	法兰平面度	圆形风管两直径之差
≤300	≤3	≤3	≤2	≤3
301~500	≤3	≤4	≤2	≤3
501~1000	≤4	≤5	≤2	≤4
1001~1500	≤4	≤6	≤3	≤5
1501~2000	≤5	≤7	≤3	≤5
>2000	≤6	≤8	≤3	≤5

12.2 风管部件与消声器制作

风口尺寸允许偏差值应符合表12-2的规定。

检查数量：按类别、批分别抽查5%，不得少于1个。

检验方法：尺量、观察检查，核对材料合格的证明文件与手动操作检查。

风口尺寸允许偏差　　　　表 12-2

项次	项目		允许偏差 (mm)
1	圆形风口直径	≤250mm >250mm	0~-2 0~-3
2	矩形风口边长	<300mm 300~800mm >800mm	0~-1 0~-2 0~-3
3	对角线长度之差	<300mm 300~500mm >500mm	≤1 ≤2 ≤3

12.3　风管系统安装

12.3.1　风管安装

明装风管水平安装，水平度的允许偏差为 3/1000，总偏差不应大于 20mm。明装风管垂直安装，垂直度的允许偏差为 2/1000，总偏差不应大于 20mm。

检查数量：按数量抽查 10%，但不得少于 1 个系统。

检验方法：尺量，观察检查。

12.3.2 风口安装

明装无吊顶的风口，安装位置和标高偏差不应大于10mm。风口水平安装，水平度的偏差不应大于3/1000。风口垂直安装，垂直度的偏差不应大于2/1000。

检查数量：按数量抽查10%，不得少于1个系统或不少于5件和2个房间的风口。

检验方法：尺量、观察检查。

12.4 通风与空调设备安装

12.4.1 通风机安装

通风机安装的允许偏差应符合表12-3的规定。现场组装的轴流风机叶片安装水平度允许偏差为1/1000。

检查数量：按总数抽查20%，不得少于1台。

12.4.2 除尘设备安装

除尘器安装的允许偏差和检验方法应符合表12-4的规定。

检查数量：按总数抽查20%，不得少于1台。

通风机安装的允许偏差和检验方法 表 12-3

项次	项目		允许偏差	检验方法
1	中心线的平面位移		10mm	经纬仪或拉线和尺量检查
2	标　　高		±10mm	水准仪或水平仪、直尺、拉线和尺量检查
3	皮带轮轮宽中心平面偏移		1mm	在主、从动皮带轮端面拉线和尺量检查
4	传动轴水平度		纵向 0.2/1000 横向 0.3/1000	在轴或皮带轮 0°和 180°的两个位置上,用水平仪检查
5	联轴器	两轴芯径向位移	0.05mm	在联轴器互相垂直的四个位置上,用百分表检查
		两轴线倾斜	0.2/1000	

除尘器安装允许偏差和检验方法 表 12-4

项次	项目		允许偏差 (mm)	检 验 方 法
1	平面位移		≤10	用经纬仪或拉线、尺量检查
2	标　　高		±10	用水准仪、直尺、拉线和尺量检查
3	垂直度	每米	≤2	吊线和尺量检查
		总偏差	≤10	

检查数量:按总数抽查 20%,不得少于 1 台。

现场组装的静电除尘器的安装，阳极板组合后的阳极排平面度允许偏差为 5mm，其对角线允许偏差为 10mm；阴极小框架组合后主平面的平面度允许偏差为 5mm，其对角线允许偏差为 10mm；阴极大框架的整体平面度允许偏差为 15mm，整体对角线允许偏差为 10mm；阳极板高度小于或等于 7m 的电除尘器，阴、阳极间距允许偏差为 5mm，阳极板高度大于 7m 的电除尘器，阴、阳极间距允许偏差为 10mm。

检查数量：按总数抽查 20%，不得少于 1 组。

检验方法：尺量，观察检查及检查施工记录。

12.4.3 洁净室安装

洁净室地面平整度允许偏差为 1/1000；墙板的垂直度允许偏差为 2/1000；顶板水平度的允许偏差与每个单间的几何尺寸的允许偏差均为 2/1000。

检查数量：按总数抽查 20%，不得少于 5 处。

检验方法：尺量、观察检查及检查施工记录。

洁净层流罩安装的水平度允许偏差为 1/1000，高度的允许偏差为 ±1mm。

检查数量：按总数抽查 20%，且不得少于 5 件。

检验方法：尺量、观察检查及检查施工记录。

12.4.4 空气风幕机安装

空气风幕机安装的纵向垂直度和横向水平度的允许偏差均不应大于2/1000。

检查数量：按总数10%的比例抽查，且不得少于1台。

检验方法：观察检查。

12.5 空调制冷系统安装

制冷设备与制冷附属设备的安装位置、标高的允许偏差应符合表12-5的规定。

制冷设备与制冷附属设备允许偏差和检验方法　　表12-5

项次	项目	允许偏差(mm)	检验方法
1	平面位移	10	经纬仪或拉线和尺量检查
2	标高	±10	水准仪或经纬仪、拉线和尺量检查

整体安装的制冷机组，其机身纵、横向水平度的允许偏差为1/1000。

制冷附属设备安装的水平度或垂直度的允许偏差为1/1000。

燃油系统油泵和蓄冷系统载冷剂泵安装的纵、横水平度允许偏差为 1/1000，联轴器两轴芯轴向倾斜允许偏差为 0.2/1000，径向位移为 0.05mm。

检查数量：全数检查。

检验方法：在机座或指定的基准面上，用水平仪、水准仪等检测，尺量，观察检查。

12.6 空调水系统管道与设备安装

12.6.1 管道安装

钢制管道安装的允许偏差和检验方法应符合表 12-6 的规定。

管道安装的允许偏差和检验方法　　表 12-6

项次	项	目	允许偏差(mm)	检验方法
1	坐标	架空及地沟 室外	25	按系统检查管道的起点、终点、分支点和变向点及各点之间的直管
		架空及地沟 室内	15	
		埋　地	60	
2	标高	架空及地沟 室外	±20	用经纬仪、水准仪、液体连通器、水平仪、拉线和尺量检查
		架空及地沟 室内	±15	
		埋　地	±25	

续表

项次	项目		允许偏差(mm)	检验方法
3	水平管道平直度	$DN \leqslant 100mm$	$2L‰$,最大40	用直尺、拉线和尺量检查
		$DN > 100mm$	$3L‰$,最大60	
4	立管垂直度		$5L‰$,最大25	用直尺、线锤、拉线和尺量检查
5	成排管段间距		15	用直尺尺量检查
6	成排管段或成排阀门在同一平面上		3	用直尺、拉线和尺量检查

注：L——管道的有效长度(mm)。

检查数量：按总数抽查10%，且不得少于5处。

沟槽式连接管道的沟槽及支、吊架的间距　　　　表12-7

公称直径(mm)	沟槽深度(mm)	允许偏差(mm)	支、吊架的间距(m)	端面垂直允许偏差(mm)
65~100	2.20	0~+0.3	3.5	1.0
125~150	2.20	0~+0.3	4.2	
200	2.50	0~+0.3	4.2	1.5
225~250	2.50	0~+0.3	5.0	
300	3.0	0~+0.5	5.0	

注：1. 连接管端面应平整光滑、无毛刺；沟槽过深，应作为废品，不得使用；
　　2. 支、吊架不得支承在连接头上，水平管的任意两个连接头之间必须有支、吊架。

沟槽式连接的钢塑复合管道安装，其沟槽深度及支、吊架间距的允许偏差应符合表 12-7 的规定。

检查数量：按总数抽查 10%，且不得少于 5 处。

检验方法：尺量、观察检查，查阅产品合格证明文件。

12.6.2　水泵及附属设备安装

水泵的平面位置和标高允许偏差为 ±10mm；整体安装的泵，纵向水平偏差不应大于 0.1/1000，横向水平偏差不应大于 0.2/1000；解体安装的泵，纵、横向安装水平偏差均不应大于 0.05/1000。水泵与电机采用联轴器连接时，联轴器两轴芯的允许偏差，轴向倾斜不应大于 0.2/1000，径向位移不应大于 0.05mm。

检查数量：全数检查。

检验方法：扳手试拧，观察检查，用水平仪和塞尺测量或查阅设备安装记录。

12.6.3　水箱、集水器、分水器、储冷罐等安装

水箱、集水器、分水器、储冷罐等设备安装平面位置允许偏差为 15mm，标高允许偏差为 ±5mm，垂直度允许偏差为 1/1000。

检查数量：全数检查。

检验方法：尺量、观察检查，旁站或查阅试验记录。

12.7　防腐与绝热

卷材或板材绝热材料层表面平整度允许偏差为5mm；采用涂抹或其他方法绝热材料层表面平整度允许偏差为10mm。

检查数量：管道按轴线长度抽查10%；部件、阀门抽查10%，且不得少于2个。

检验方法：观察检查、用钢丝刺入保温层、尺量。

12.8　系统调试

单向流洁净系统的系统总风量调试结果与设计风量的允许偏差为0~20%，室内各风口风量与设计风量的允许偏差为15%。新风量与设计新风量的允许偏差为10%。

单向流洁净系统的室内截面平均风速的允许偏差为 0~20%，且截面风速不均匀度不应大于 0.25。新风量与设计新风量的允许偏差为 10%。

检查数量：调试记录全数检查，测点抽查 5%，且不得少于 1 点。

通风工程系统各风口或吸风罩的风量与设计风量的允许偏差不应大于 15%。

空调工程水系统各空调机组的水流量的允许偏差为 20%。

检查数量：按系统总数抽查 10%，且不得少于 1 个系统。

检验方法：观察，查阅调试记录及用仪表测量检查。

13 建筑电气工程

13.1 架空线路及杆上电气设备安装

电杆坑、拉线坑的深度允许偏差,应不深于设计坑深100mm,不浅于设计坑深50mm。

检查数量:按坑总数抽查10%,但不少于5个坑。

检验方法:用水准仪或拉线和尺量检查。

架空导线的弧垂值,允许偏差为设计弧垂值的±5%,水平排列的同档导线间弧垂值偏差为±50mm。

检查数量:不少于5档。

检验方法:尺量检查。

13.2 成套配电柜、控制柜(屏、台)和动力、照明配电箱(盘)安装

基础型钢安装允许偏差应符合表13-1的规定。

基础型钢安装允许偏差 表 13-1

项目	允许偏差	
	(mm/m)	(mm/全长)
不直度	1	5
水平度	1	5
不平行度	—	5

检查数量：按柜（盘）安装不同类型各抽查5处。

检验方法：拉线、尺量检查。

柜、屏、台、箱、盘安装的允许偏差和检验方法应符合表 13-2 的规定。

柜（盘）安装允许偏差和检验方法

表 13-2

项目	允许偏差	检验方法
安装垂直度	1.5‰	吊线、尺量检查
相互间接缝	≤2mm	塞尺检查
成列盘面	≤5mm	拉线、尺量检查

检查数量：按柜（盘）安装不同类型各抽查5处。

照明配电箱（盘）安装垂直度允许偏差为

1.5‰。

检查数量：抽查 5 台。

检验方法：吊线、尺量检查。

13.3 不间断电源安装

安放不间断电源的机架组装的水平度、垂直度允许偏差不应大于 1.5‰。

检查数量：抽查 5 个机架。

检验方法：吊线、拉线、尺量检查。

13.4 电缆桥架安装和桥架内电缆敷设

电缆桥架转弯处的弯曲半径，不小于桥架内电缆最小允许弯曲半径，电缆最小允许弯曲半径见表 13-3。

检查数量：电缆按不同类别各抽查 5 处。

检验方法：尺量检查。

电缆最小允许弯曲半径　　　表 13-3

电　缆　种　类	最小允许弯曲半径
无铅包钢铠护套的橡皮绝缘电力电缆	10D
有钢铠护套的橡皮绝缘电力电缆	20D
聚氯乙烯绝缘电力电缆	10D
交联聚氯乙烯绝缘电力电缆	15D
多芯控制电缆	10D

注：D 为电缆外径。

13.5　电缆沟内和电缆竖井内电缆敷设

电缆支架层间最小允许距离应符合表 13-4 的规定。

电缆支架层间最小允许距离　　　表 13-4

电　缆　种　类	支架层间最小允许距离（mm）
控制电缆	120
10kV 及以下电力电缆	150～200

检查数量：支架按不同类型各抽查 5 段。

检验方法：拉线和尺量检查。

电缆在支架上敷设，转弯处的最小允许弯曲半径应符合表 13-3 的规定。

14 电梯工程

14.1 电力驱动的曳引式或强制式电梯安装工程

14.1.1 土建交接检验

井道尺寸应和土建布置图所要求的一致,允许偏差应符合下列规定:

1. 当电梯行程高度小于等于 30m 时为 0~+25mm;

2. 当电梯行程高度大于 30m 且小于等于 60m 时为 0~+35mm;

3. 当电梯行程高度大于 60m 且小于等于 90m 时为 0~+50mm;

4. 当电梯行程高度大于 90m 时,允许偏差应符合土建布置图要求。

检查数量:全数检查。

检验方法:尺量检查。

14.1 电力驱动的曳引式或强制式电梯安装工程

14.1.2 导轨

两列导轨顶面间的距离允许偏差为：轿厢导轨 0～+2mm；对重导轨 0～+3mm。

每列导轨工作面（包括侧面与顶面）与安装基准线每 5m 的偏差均不应大于下列数值：轿厢导轨和设有安全钳的对重（平衡重）导轨为 0.6mm；不设安全钳的对重（平衡重）导轨为 1.0mm。

检查数量：全数检查。

检验方法：吊线，尺量检查。

14.1.3 门系统

层门地坎至轿厢地坎之间的水平距离允许偏差为 0～+3mm。

检查数量：全数检查。

检验方法：尺量检查。

14.1.4 安全部件

轿厢、对重的缓冲器撞板中心与缓冲器中心的允许偏差不应大于 20mm。

检查数量：全数检查。

检验方法：尺量检查。

14.1.5　悬挂装置、随行电缆、补偿装置

每根钢丝绳张力与平均值允许偏差不应大于5%。

检查数量：全数检查。

检验方法：测力器测量。

14.2　液压电梯安装工程

液压电梯安装工程中土建交换检验、导轨、门系统、安全部件的允许偏差、检查数量、检验方法同电力驱动的曳引式或强制式电梯安装工程。

如果有钢丝绳或链条，每根张力与平均值允许偏差不应大于5%。

检查数量：全数检查。

检验方法：测力器测量。

14.3　自动扶梯、自动人行道安装工程

14.3.1　土建交接检验

土建工程应按照土建布置图进行施工，其主要

尺寸允许偏差应为：提升高度-15～+15mm；跨度 0～+15mm。

检查数量：全数检查。

检验方法：尺量检查。

14.3.2 整机安装验收

在额定频率和额定电压下，梯段、踏板或胶带沿运行方向空载时的速度与额定速度之间的允许偏差为±5%。

扶手带的运行速度相对梯级、踏板或胶带的速度允许偏差为0～+2%。

检查数量：全数检查。

检验方法：秒表、尺量检查。

参 考 资 料

1. 建筑地基基础工程施工质量验收规范（GB50202—2002）
2. 砌体工程施工质量验收规范（GB50203—2002）
3. 混凝土结构工程施工质量验收规范（GB50204—2002）
4. 钢结构工程施工质量验收规范（GB50205—2001）
5. 木结构工程施工质量验收规范（GB50206—2002）
6. 屋面工程质量验收规范（GB50207—2002）
7. 地下防水工程质量验收规范（GB50208—2002）
8. 建筑地面工程施工质量验收规范（GB50209—2002）
9. 建筑装饰装修工程施工质量验收规范（GB50210—2001）
10. 建筑给水排水及采暖工程施工质量验收规范（GB50242—2002）
11. 通风与空调工程施工质量验收规范（GB50243—2002）
12. 建筑电气工程施工质量验收规范（GB50303—2002）
13. 电梯工程施工质量验收规范（GB50310—2002）
14. 组合钢模板技术规范（GB50214—2001）
15. 建筑施工扣件式钢管脚手架安全技术规范（JGJ130—2001）
16. 建筑施工门式钢管脚手架安全技术规范（JGJ128—2000）